创 新 设 计 思 维 与 方 法

丛书主编 何晓佑

扩散型设计

创新扩散的产品设计

孟 刚 著

江苏凤凰美术出版社

图书在版编目（CIP）数据

扩散型设计：创新扩散的产品设计 / 孟刚著.
南京：江苏凤凰美术出版社, 2025. 6. -- (创新设计思
维与方法 / 何晓佑主编). -- ISBN 978-7-5741-3240-5

Ⅰ. TB472

中国国家版本馆CIP数据核字第20257XG733号

责任编辑　陈沁喆

责任校对　唐　凡

责任监印　唐　虎

责任设计编辑　赵　秘

丛 书 名　创新设计思维与方法
主　　编　何晓佑
书　　名　扩散型设计：创新扩散的产品设计
著　者　孟　刚
出版发行　江苏凤凰美术出版社（南京市湖南路1号　邮编：210009）
制　　版　南京新华丰制版有限公司
印　　刷　南京新世纪联盟印务有限公司
开　　本　718 mm × 1000 mm　1/16
印　　张　13.75
版　　次　2025年6月第1版
印　　次　2025年6月第1次印刷
标准书号　ISBN 978-7-5741-3240-5
定　　价　85.00元

营销部电话　025-68155675　营销部地址　南京市湖南路1号
江苏凤凰美术出版社图书凡印装错误可向承印厂调换

前言

在当今这个迅速变化的时代，科学技术的蓬勃发展已成为驱动社会跃升的核心动力。为了牢牢把握这一时代脉搏，我国坚定地迈上了创新驱动发展的战略征途，矢志不渝地探索中国特色创新路径与科技强国之道，立志构建创新型国家。这一战略蓝图的实施，不仅使我国的科技事业实现了历史性的飞跃，更使我们快步进入创新型国家的先进行列。

在科技创新的数字化滚滚洪流中，产品设计领域正经历着前所未有的深刻变革。智能科技产品的创新迅速而广泛地扩散，其波及之广、影响之深，堪称前所未有。然而，面对这一创新扩散的新常态，产品设计如何能够适应并引领这一潮流，成为设计学领域亟待攻克的新课题。

本研究正是植根于这一现实背景，立足于设计学学科的交叉视野，结合传播学、社会学、市场营销学、管理学等多学科理论，提出基于创新扩散的设计学方法论。我们深入剖析了产品的功能、理念及迭代策略，旨在作为推动设计创新发展的一条路径，为设计理论研究做出一定的补充。

在研究中，我们尤为重视创新扩散理论在产品设计中的实践应用。传统设计视角往往局限于设计流程与效果的呈现，却忽视了产品设计创新所涉及的扩散边界、扩散效率或口碑效应等关键问题。而创新扩散理论的引入与传播学认知的支持，为我们带来了新的学科视角与理论支撑，使我们能够更深入地洞察产品设计中的创新扩散现象，还能探讨在日新月异的互联网环境下，创新扩散理论中经典的产品生命周期理论的新演进。

本研究聚焦基于创新扩散思维的产品设计方法，通过深入的理论探索与实证分析，我们建立了创新扩散理论与产品设计之间的紧密联系，并确立了以创新扩散为核心的设计方法体系。我们细致剖析了苹果产品、小米生态链、电动汽车等领域的成功案例，揭示了产品实现创新扩散的有效途径与策略。同时，我们还通过智能止鼾枕的实证分析，验证了以创新扩散需求为引领的产品设计策略的可行性与实效性。

这一系列研究与实证分析，为我们带来了诸多宝贵启示。我们发现，潜在用户群体蕴含着巨大的扩散潜力与市场机遇；当前产品的传播力与速度能够为产品设计提供新的导向，反映出用户采纳的新趋势。此外，我们还探索了以创新扩散为指向的设计思路，并在止鼾枕产品的优化设计中付诸实践，取得了显著成效。

展望未来，我们坚信，随着科技的持续飞跃与创新扩散理论的日益完善，产品设计领域必将迎来更加广阔与繁荣的发展前景。我们将继续深化这一领域的理论研究与设计实践，为推动设计创新的发展与创新型国家的构建贡献更大的力量。

孟　刚

2024 年 10 月

目录

第一章 绪论

1.1 研究背景

创新扩散理论是由美国学者埃弗雷特·M.罗杰斯（Everett M. Rogers）（罗杰斯，2002）在20世纪60年代提出的，是新观念、新事物、新产品等创新事物在一般社会或特定人群中被接受的效率、过程及作用原理的研究，目前是传播效果研究的经典理论之一。其基本原理被引入诸多行业和领域中，用于研究不同形式的创新在特定环境中的推广方法及效能预测，同时以扩散机制为依据指导创新方法的改进。

本研究首先以创新扩散的过程为背景，基于设计创新在特定社会系统范围内的扩散现象及行为建立参照体系，针对设计活动中的创新性对具体产品及方法创新的扩散机制展开研究。其次，将面向产品的再创新作为影响扩散的外生因素（Vijay Mahajan，2016），研究新技术扩散过程中的创新方法问题——主要包括创新方向、创新过程、创新梯度等，并提出在当代技术、观念扩散环境下指导工业产品设计更新的思路及方法。再次，将方法体系导入产品线进行验证和调整。最后，提出面向设计学领域的创新设计方法及相应理论。

1.1.1 时代发展中的创新需求

创新在逻辑定义上是指以现有思维方法，首先提出新的见解，进而改进或创造新的事物、方法、元素、路径、环境等以获得有益效果的行为。假设一个特定系统作为创新扩散目标系统，创新在该体系内的扩散程度与时间的相对关系，在坐标系中表现为类似自然分布的S型曲线几何特征（图1-1）。

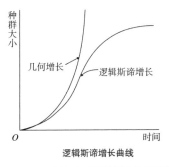
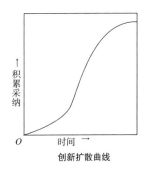

逻辑斯谛增长曲线　　　　创新扩散曲线

图1-1　创新扩散曲线与逻辑斯谛自然增长模型一样具有自我抑制性
资料来源：《创新扩散模型》

该模型将创新存在的周期分为三个阶段——引进、迅速扩散和成熟，而周期的长短取决于技术变化率、市场接受速度和竞争者进入的难易程度。实际上，它还可用来描述行业生命周期、经济周期中的长波，乃至国家的兴衰，其背后的驱动因素都是创新。因此，创新扩散模型可以预测特定环境下一种技术、方法、观念等的创新在未来的发展趋势。自20世纪60年代被提出以来，该理论被广泛应用于各个领域的技术及产品推广的预测，以及策略的辅助决策中，涉及数十个截然不同的学术领域，其中包括地理学、社会学、经济学和教育学。

设计的工具和方法在近30年来得到了极大丰富，设计的工作方式及工作环境也发生了巨大变革——从传统的图纸—工厂的单一设计生产模式，发展为以多种技术的联合应用为基础的复合产业形态。与此同时，对设计及创新的要求也越发多元化，无论是采用的手段、面向的问题，都越来越呈现出系统化的关联，尤其是近20年来数字信息技术的不断扩散、近10年来高速移动互联网的普及应用，在互联网等高效媒介管道环境、移动端新型应用及服务的推动下，从宏观角度上来说，技术和形式的创新在扩散效率上呈现指数级增长。

1.1.2 创新扩散的研究视角

目前创新扩散的研究视角聚焦两方面：一是研究的参照体系的构建。由于创新扩散研究的广域特征，在不同领域内的扩散研究存在视角多样化、参照系多元化的问题，即尽管经典扩散模型广泛使用和应用于扩散和创新事件的研究中，然而通常没有共同的定义、概念及参照标准。这主要反映为：①各种方法间没有明确横向对比的统一标准体系；②没有提供创新扩散理论在研究中合理使用的一般准则。也就是说，缺乏研究概念框架及关键要素的一般定义。

二是研究对象在理论体系中的合适问题，即研究对象需要以扩散体系中的何种范畴进行概括。一般意义上，设计观念或产品在社会体系中的扩散，通常被笼统地划归为一般性创新的扩散。但在实际扩散过程中，无论是案例研究还是理论推导，均显示出其不同于一般性创新的延续性问题，即设计本身的扩散情况——以采纳者绝对数量为依据——更倾向于有限生命周期中的正态分布。要明确这一点，可以借鉴以新型信息技术为背景的现当代案例，以此显示出较为明确的不同。

在新技术革命的背景下，创新扩散的管道出现了多元化、多维度的扩展，因此，每一项创新都有机会在扩散体系中与个体即扩散宿主充分接触（王帮俊，2011），有效提升了采纳者的上升梯度。这使得具体到单个产品类型、具体产品时，创新载体（产品）生命周期呈现回落的态势——无论是观念、形式还是功能型创新，在具体产品层面上观察，都在短时间内对扩散边界迅速逼近（图1-2）。

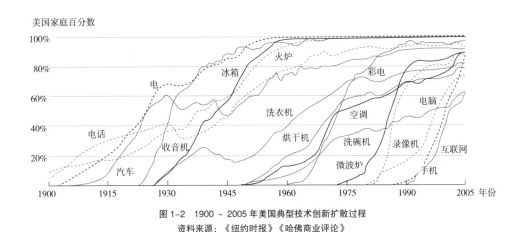

图1-2　1900～2005年美国典型技术创新扩散过程
资料来源：《纽约时报》《哈佛商业评论》

以典型技术创新为例，在当代的信息网络背景下，一项革命性创新达到边际的过程时间由最初的数十年，缩短到只有数年。并且，随着收音机、手机等信息终端创新的扩散达到一定程度并与之关联紧密，可形成直接功能迭代的创新，如电视、录像机、互联网等创新可以凭借信息终端的功能性提升需求直接作为扩散管道，从而实现扩散效能的陡增。而随着新型信息技术变革引发的信息、制造业和商业模式的深远变化，创新行为、创新主体、扩散管道以及扩散方式，都发生了很大的变化。

信息技术重构了创新行为以及创新扩散的环境，具体技术表现如下：

（1）设计环节：数字设计、协同设计、数字孪生等；

（2）生产环节：数控加工、数控装配、3D 打印；

（3）市场环节：数字传媒、社交媒体、数字娱乐、数字内容服务。

因此，设计环节、生产环节效能提升实现了创新形态转变，而市场环节传播效率提高实现了扩散方式形态转变（图 1-3）。

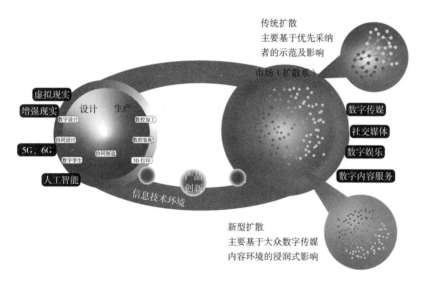

图 1-3 新型技术主导的产业形态变革及引发的扩散形态转变
资料来源：笔者自绘

虽然单纯从扩散率维度上看，这样的形态具备良性扩散（刘茂红，2011）特质，但是将具体产品从某一大类型技术创新中孤立来看，理想的 S 型曲线扩展预期将显得过分乐观。从有限扩散域的角度看，这种微观局部的扩散仅能在有限的扩散系中维持较短时间，从而导致总体扩散规模受限，即在有限时空领域内达到边际的情况。

　　而现有行业采用的解决方法是从产能及工程属性出发，采用不断更新迭代等方式，通过梯度式再创新在客观上延伸产品的扩散周期，以保持群体对传播的易感性，从而跨越扩散群体鸿沟。这种方式的伴生形态类似于"有计划废止"，但其驱动机制却是被迫的，因此可以理解为针对创新扩散的被迫废止行为。这样也导致了同类创新的同质化恶性竞争及创新资源的浪费，并导致大量非实质性创新的出现，从而形成"劣币驱除良币"的现象，进一步降低了各扩散社群对创新的易感度，形成创新抵制（简兆权、苏苗苗、邓文浩，2020），最终加大了创新扩散的效应。而这也是创新扩散研究领域未曾关注的问题。

1.1.3 创新扩散视域下的设计

　　基于上述问题，本研究主要从新背景下的设计方法性问题入手，将设计行为本质归纳为一般性再创新过程，并将设计产品作为创新主体，将目标用户群体或一般性市场环境作为扩散的社会系统，从而构建起可以基于创新扩散理论进行描述和预测的逻辑系统，作为本课题研究的基本范畴。然后引入创新扩散原理，通过对产品不同迭代周期的推广方式及扩散效果进行描述及预测，从而控制产品各迭代周期的设计方向、创新程度，并研究以扩散为前提的产品设计方法。

　　根据上述研究视角，扩散系的增长方式不同点在于，自然增长模型的抑制性是体现在社会体系总量增长上，而扩散模型的自限则体现在固定总量社会群体的接纳总量上，即将扩散范围假设在一个具有固定边界的封闭系统中进行考虑。而在实际的产品环境中，面向的市场体量边界指针是相对动态的，一般人群普遍需求的产品（如手机、日用消费品等）所面向的市场边界也在不断消解。因此，在新技术环境下很难将扩散体系看作一个封闭的系统，或将接受度指针单纯反映为某一固定阈值的比例关系。以当前现象级产品、信息内容或观念而论，由于受信息获取的便利性和传播的广域性影响，扩散加深的同时体系边界也在不断扩张。因此，从某种程度上来说，可以将创新的扩散域假设为无边界的域，将扩散理解为扩散株在一般环境下的自然增长状态。

鉴于此，本研究中首先需要明确的是创新扩散系统中各主要参与及影响因素的基本定义和概念体系。根据一般共识，创新扩散过程是一个复杂系统的演化过程，由相互关联和相互作用的内外动态组成。本研究借鉴技术扩散研究体系中的相关定义划分，将这些系统的构成要素主要归纳为扩散源、扩散域、扩散株及扩散宿主四个基本组件，具体说明如下。

（1）扩散源：创新扩散的动力源，是指引发扩散的初始创新，一般归纳为理论、观念、产品形态及工艺等非物质化因素的创新。

（2）扩散域：包括扩散动力系统各个要素发挥作用的内部客观环境，以及对扩散系统中各部分要素施加宏观及潜在影响的外部环境。根据其发挥作用的不同，可以划分为扩散内域、扩散外域两个范畴。扩散内域主要包括扩散空间中扩散源的技术基础、扩散宿主的群体结构，以及信息交换系统和其他相关经济体条件。它不同于扩散动力系统边界以外的其他环境因素。扩散外域，或称外部扩散域，是指内部扩散域边界之外的外部环境，是作为扩散系统外影响因素（或称扩散外因）的存在环境。本研究也将其作为宏观视角下研究扩散现象的观察背景。而相应地，扩散外因通常表现为影响扩散动力系统的宏观因素，如政府治理、经济制度、环境等。

（3）扩散株：扩散源的物质外延，也被理解为扩散客体，是创新的直接承载客体及创新的物化部分。通过扩散株可以将内在创新外化为不同特征，例如功能的优化、成本的经济性等直接影响扩散的具体属性，而这也是实际达成扩散行为的主要动因。

（4）扩散宿主：指扩散株的潜在接受主体，主要包含扩散各阶段中接受扩散株的采纳主体，包含群体采纳者和个体采纳者两类。同时，扩散宿主也在扩散过程中发挥传播者的作用。群体采纳者和个体采纳者在扩散过程中的具体作用和机制不尽相同。其中，作为系统存在的群体采纳者可以被视作一定范围内和程度上同质个体采纳者的集合，因此，也可以将群体采纳者视为有限边界的扩散内域来理解。

在明确上述概念及基本范畴的前提下，可以对创新扩散理论在设计学领域的引入做一次变数的初始化——将设计产品的生产及扩散领域中各个环节的作用因素，根据各定义的内涵及属性相等原则，引入基本概念框架并进行代换。

　　首先，将广义的创新源概念理解为在具体设计过程中的非物质化创新，如设计概念、设计的功能导向、功能性构型、形式外延等观念化创新，以及潜在的生活方式等精神层面要素，以作为推动扩散行为的内在动因进行概括。扩散株可以理解为具体的设计产品。扩散宿主概念则可被代换为市场环境中的群体或个体用户，其中的群体用户可以被理解为具有一定程度共性的用户群体，也可以根据特定系统内因（如社群关系、观念共识等）所连接的相对区别的群体。不同的群体区分依据具体的扩散源及扩散株的属性维度进行考虑，并依据不同维度的采纳概率，采用统计决策方式进行权重合并，从而实现总体扩散率的解释与预测。扩散域可以归纳为具体产品的推广和使用环境。扩散内域，即为产品的基础使用环境、同质饱和度、推广方式等在市场范畴内的动因的集合。而扩散外域则包含宏观因素，如与产品功能直接相关的基础技术环境、与扩散方式相关的信息传播技术环境，以及远期技术对现有技术方案的潜在影响，例如电动汽车技术发展对燃油汽车产品扩散的潜在影响等。

　　此外，需要特别指出的是，由于本研究的重点是设计产品这样具体目标的扩散行为，是在具体范畴内推导一般方法。因此，需要将产品化设计的定义与设计创新的定义进行一定的区别。首先，设计创新是广义概念，既包含设计理论的提出、观念的形成等意识层面创新，也包含具体的生产方案制定（即具体设计）与实施的全过程；而产品化设计是狭义概念，仅包含直接形成具体产品的构想与实施过程。区分的理由如下：

　　以苹果公司系列产品的扩散路径为例（图1-4），每一轮迭代产品的扩散在一个较短时间内——一般为6个月——达到峰值，而后开始呈现明显回落，最后大约一年产品的扩散周期趋近于完结。因此，从增长率上看，苹果产品的扩散符合扩散采用曲线的规律（图1-5），同时更趋近于正态分布规律。

苹果公司产品的更新与扩散

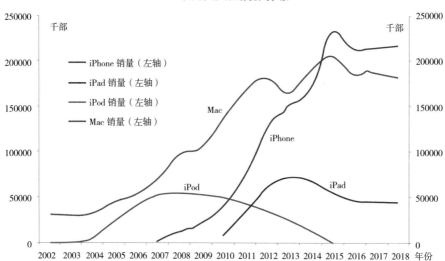

图 1-4　2002～2018 年苹果公司系列产品的扩散路径
资料来源：苹果年报

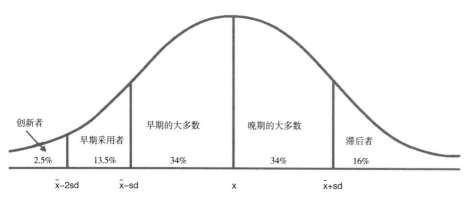

图 1-5　不同采用者的采用曲线
资料来源：《创新的扩散》

然而，由于具体产品本身的有计划废止属性（Mayo，1993），不能将对具体产品的采纳者纳入扩散系的"总采纳者"范畴。相反，需要将其归纳为一个有限的创新事件而非笼统的创新，即一旦产品生命周期趋于终结，则意味着新一轮的产品扩散并不以前轮扩散的累积采纳作为基础。这说明，具体产品的扩散方式与技术等一般性创新的扩散方式存在很大区别。产品虽然作为一般性创新载体可以承载创新的普遍属性，但受到其自身使用寿命、使用计划等具体微观因素的限制，并不能一直作为某一创新的载体而存在下去，也无法将创新的采纳者直接与产品本身的采纳者等量而观。不仅如此，与具体产品联系紧密的观念创新，如品牌、理念等意识层面的要素，也具有相对的存在限度。然而，设计本身的工作对象很大程度上恰恰要面对的正是具体的产品生产与传播。因此，区分上述概念有助于在后续研究中明确设计理论创新与设计方法创新的边界，从而在考虑不同层面创新的扩散影响时采用适当的理论方法与模型。

　　这一点，是将扩散理论引入具体设计领域中所需要重点关注的问题。

　　鉴于此，需要引入产品生命周期概念作为重要的参照。生命周期理论提出于20世纪50年代，是创新扩散模型提出的源头。生命周期理论主要应用于判断产品扩散所处的具体阶段，以对产品的形态、扩散方式提出指引。但产品生命周期理论无法明确地对各阶段进行量化划分，需要借助不同数学模型对扩散群体及相关的系统内外因素进行量化描述。因此，通过创新扩散模型，研究者试图将生命周期这种定性概念，以定量方式进行描述和预测。产品生命周期理论认为，产品存在生命周期的原因是新产品被投入市场后存在一个逐步扩散的现象：一种新产品投入市场之初，需要投入大量的成本进行宣传和推广，吸引消费者购买和使用，此时的产品销量增长缓慢，处于导入期；随着产品的市场定位开始明确、功能逐渐完善，越来越多的消费者开始购买和采用这种新产品，销量开始迅速增加，产品的生命周期进入了成长期，销量的增长速度开始加速；当绝大多数消费者都购买了这种新产品时，产品进入了成熟期，销量的增长速度开始放缓；随着时代发展和科技进步，该产品逐渐被其他产品或技术取代，市场中的消费者逐渐放弃使用该产品转而去购买其他新产品，该产品就进入了衰退期。

因此，采用生命周期概念可以较好地描述作为单一研究对象的产品的有限扩散周期及程度，同时，又可以此为基础，将单一产品的扩散程度作为系统局部，纳入广域的创新扩散范畴进行考察研究。

以上论述主要面向产品设计的扩散系统，建立基本概念体系，且引入了对产品扩散形态密切相关的参照系——生命周期，并论证了将其作为系统接口，使设计产品的扩散作为广义创新扩散系统组成部分在逻辑上达成统一的可行性。由此，确立了研究的基本视角，其基本关系表述为：产品扩散是创新扩散系统的一部分，以迭代方式分阶段承载技术创新的扩散；同时，其本身受自身属性的影响呈现出微观具体的扩散形态。这就是展开本研究的立足点。

1.2 研究意义

1.2.1 理论意义

现阶段，虽然创新扩散理论已经是较为成熟的模型和实证研究；但是，一方面宏观视角的缺乏将研究注意力汇聚于设计的行业应用领域，而本研究扩充了现有创新扩散研究的研究视野及理论疆界，另一方面，借由具体项目，通过产品的设计、生产及推广过程，将扩散理论实际应用于具体行业的具体创新实践，为产品设计方法研究提供了新的视角及方法。

若实现以上目标，可以建立起一套面向具体产品设计领域的扩散机制的关系描述。首先，可以解决具体产品设计行为中的"度"的问题，即在产品设计实践中如何控制创新程度与再创新周期间的关系。其次，对于创新的方向性问题可以提供较好的参照系，从而形成具体的研究方法。这可以有力发挥产品设计的良性效能，促进明确设计在工业4.0发展趋势下的具体定位及发展方式，并在具体设计实务中的产品定位、设计效能评估及预测等方面起到积极的作用，同时有效缓解设计同质化、创新冗余化等现实问题，对实现智力资源与产能资源更高效集约、推动"中国制造2025"等国家战略目标具有较强的指导和参考意义。

1.2.2 现实意义

面向产品设计的扩散研究，亦具有一定的现实意义。主要是随着信息技术的应用等系统外因对传统的扩散管道与方法等内因的影响程度不断增强，现阶段的产品设计在应用环境内的扩散较为明确地呈现出两种变化趋势：一方面是单次、单个创新的扩散周期在不断缩短，且在此阶段内无法有效趋近理论扩散边际；另一方面，再创新的实质发生了变化，主要表现为其主要驱动因素由实质的功能、性能提升需求转变为通过观念修饰而形成的表象迭代，完成对上一轮扩散的代偿。引发如此变化的原因有很多方面，归纳来看主要有以下几点：

①信息技术变革导致的外因驱动；

②当代工业化生产形态导致的创新同质化冗余；

③产品设计类型创新的自身多元化属性所导致的观念歧义等。

这些因素在不同程度上影响甚至直接改变了经典创新扩散理论框架的主要结构。这些影响包括对沟通管道的改变、对社会体系及扩散机制的影响和改变，以及产品创新的多元化属性对创新的定义及观念不确定性的影响。而上述因素间的相互关联也并不是简单的线性相关，而是相互影响的复杂作用机制。这种机制对设计的影响也不具备绝对的单调增减性，而是形成相对动态平衡的状态。本研究根据现有的创新扩散研究方法，针对具体问题构建各影响因素间的关系结构，并形成具体研究方法。首先，对具体案例进行定性研究，以此为基础，明确对当下产品设计扩散产生影响的主要因素，并以最具相关性的经典扩散模型作为范式，对各主要影响因素建立关系结构。然后，基于实际的产品设计及推广项目进行定量研究，从而完成相关结构间影响关联的描述，并明确技术、设计概念定义、设计行为间的作用机制，并探讨其影响结果。

1.3 研究创新点

在确立研究视角及起点的前提下，将产品的创新扩散机制作为产品未来扩散形态的预估模型，并用于引导产品设计方向及迭代方式，从而影响产品设计及发展战略，这是本研究的基本出发点。研究的主要目标为实现基于设计观的设计模式突破，以及基于方法论层面的理论创新。

1.3.1 基于扩散理论的设计思维思考

由上文论述可知，创新是宏观抽象的概念，而设计创新是具体微观的行为。设计的目的是实现功能与观念的创新，并通过物质形态对创新进行传播。因此，创新作为意识的核心部分，一以贯之地体现于设计行为过程和物化形态的设计产品中。而无论是设计本身抑或是创新，都不可避免地面临被社会群体接纳的考验。尤其在以新技术革命为背景的当代产业和社会环境中，创新与设计本身都面临着新的挑战与取舍。无论是创新的方向性问题，抑或是设计的策略性选择，都在更大程度上影响了二者被接纳的可能性和存在的过程。以往的设计视角通常更多聚焦对创新意图的贯彻，并未充分将创新方向所关注的扩散边际、自身生命周期等问题纳入主要的思考范畴——毕竟充沛的当代产能和技术基础提供了足够漫长的冗余寿命及替代方案。但当代的创新扩散进程却凸显出了新的矛盾——扩散自限性潜在地阻碍了实质性创新的进程，使得大量创新方向由边缘向外突破转而向内同质化膨胀。而这一点在产品的扩散形态中表现得尤为明显。因此，如何通过引入原有设计思维模式以外的思维方式作为参照和工具，拓宽设计视野的广度和深度，并为设计实践提供有效的方法，是本研究对现有设计思维发展方向的思考。

1.3.2 面向创新扩散体系的设计方法延伸

如何将具体的设计方法及策略在宏观理论层面进行统一，从而实现原有设计理论边界的扩展，是本研究在设计方法论层面的思考。从创新扩散视角探索一般设计理论与创新的存在及发展的辩证关系，二者在事物层面统一于物化的产品形态，并在逻辑上归一于"存续"这一命题。因此，通过对具有矛盾同一性的理论体系进行联立，从而获得对原有设计方法论的扩展和延伸，是本研究对设计理论体系的发展与思考。

　　本研究将这一理论用于实践，提出了创新设计的一条新的实现路径——基于创新扩散理论的设计创新，并通过实际案例进行实证研究，提出了创新扩散设计方法和策略模型。

1.4 研究内容与方法

1.4.1 内容框架

第一章（发现疑难）：①通过对时代背景的观察，发现创新扩散存在参照体系构架与研究对象适配的问题，进而提出创新扩散机制作为产品未来扩散的预估模型，从而影响产品设计及发展战略；②介绍创新扩散理论，提出本文的选题依据和研究价值，阐明创新扩散理论的研究现状；③提出本文的研究价值、目的及意义，并介绍思路、框架及研究方法。

第二章（问题构建）：①通过对创新扩散的综述，提出创新扩散机制在互联网背景下的发展；②对创新扩散研究方法进行综述；③对创新扩散与相关理论的关系进行综述；④通过国内国外文献对比可以看出创新扩散理论在国内产品设计领域研究的缺乏，由此提出本论文的研究问题，即关于扩散理论的设计思维思考与扩散体系的设计方法延伸。创新扩散理论构成本研究的理论基础。

第三章（理论挖掘）：①通过案例分析，提出互联网背景下的创新扩散理论，通过溯因推理，在苹果产品设计、滴滴出行服务设计等具体案例中分析创新扩散与产品创新之间的辩证关系；②通过分析互联网特征，选择创新扩散的设计方法；③结合生活方式对创新扩散进行挖掘，提出观念创新与生活方式创新对扩散的影响；④论证扩散机制与创新形态的关系。

第四章（提出假设）：①通过产品的需求分析明确产品设计的扩散方向；②结合扩散机制提出产品设计优化路径的构想与假设；③以电动汽车扩散案例说明创新扩散机制对产品设计具有预测功能，并从产品外观、功能、个性化等方面结合小米产品的优化设计具体案例进行分析。

第五章（实验证实）：①通过智能止鼾枕产品设计实践研究和实验结果，对本文所构建的优化创新设计思维、路径及方法进行实证检验；②引入扩散关系模型，在此基础上进行针对产品设计方面的改进；③针对实验项目提出相应的假设，探索扩散要素与设计行为和产品迭代之间的关系；④构建产品优化创新设计的前提条件和假设方法。

第六章（方法构建）：提出创新扩散的设计方法模型和策略模型。

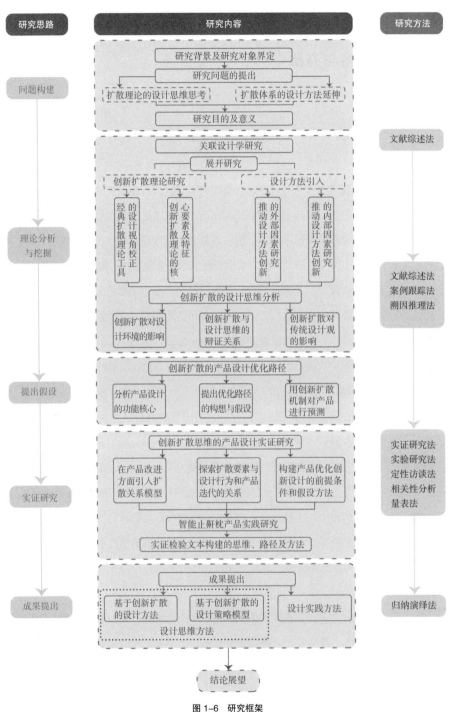

图 1-6　研究框架
资料来源：笔者自绘

第七章（结论展望）：研究的结论、贡献点及不足之处，以及对后续研究的展望（图1-6）。

1.4.2 研究方法

结合章节的具体内容和观点，采用不同的研究方法进行阐述，使读者能够清晰明确地了解各个章节的研究内容。本研究主要采用定性与定量的综合分析法，以及以智能止鼾枕为实证案例的实证法。其中，定性研究方法主要采用文献综述法、访谈法、行为研究法、案例跟踪法、溯因推理法等，定量研究方法主要为量表法、模型公式等。具体如下：

（1）文献研究法

文献研究主要是通过书籍等文献资料进行归纳总结与分析，是一种独立的研究方式，文献的分析讲求逻辑和实证（姚计海，2017）。本文所引用和涉及的文献资料较为多元，包含设计学、传播学、管理学、市场营销学等多学科交叉的知识领域，进而笔者对所涉及的文献进行了梳理、分析、导入、溯因等综合研究。文献的分析主要在第二章集中体现，其内容包括通过定性分析梳理出创新扩散理论、产品设计方法、设计思维、优化设计等与本研究直接相关的理论或概念内涵。同时采用文献计量法，通过对文献数量、关键词频率、关键词突现等文献分析，更清晰地表达出研究领域的热点和现状，为研究的目的和意义提供参考。

（2）溯因法

溯因是一种推理方法，用以最恰当地解释某个现象，是一种解释因果关系的理论方法。溯因推理的概念来自美国哲学家 Charles Sanders Peirce（1839—1914），溯因推理开始于事实的集合，直至推导出最适合这些事实的解释，是一种推理的过程（钱捷，2003）。本研究主要对产品的设计方法与创新扩散发生机制之间的关联性进行分析，通过追溯实际案例的效果、实证研究的过程等方式分析其产生结果的原因，从而让人们对产品设计中创新扩散的应用有更加深刻的了解。其主要应用在第三、四、五章的内容。

（3）个案与综合研究法

个案研究是指研究者在某一时间段内深入研究某一具体的个人、进程或事件，聚焦某一特定个案，可以更好地观察它的独特属性，也可以帮助研究者更好地理解与之相近的类似情况（Leedy & Ormrod，2005）。个案研究的意义在于扩充对经验事实的认知，并提出新的理论见解，进而获得一般性的理论概括（王富伟，2012）。另借助访谈和口语分析法，以不相关者的角度观察设计者的创意、分析、推理及假设的形成过程，得出阶段性研究结果，对优化设计思维模型进行阶段性验证。本研究列举了小米生态链、苹果产品、滴滴出行等案例，分析创新扩散理论在这些案例中对创新扩散设计思维的具体影响。

（4）定性访谈法

在质性研究中，针对小样本量的面对面访谈是具有一定优势的，并且通常是开放的。笔者在访谈中同时采用了观察法、口语分析法、结构性问卷访谈、内容分析法等。访谈既可以作为独立的研究部分，又可以作为个案研究的补充。本研究采访了产品生产厂商、产品投资者等，通过深度访谈了解产品设计过程和思路，并结合访谈纲要对访谈进行详细记录，筛选关键词，归纳描述性词汇的频率，从而得到创新扩散的设计方法要点。

（5）实验研究法

实验研究也称为实验性研究，是收集直接数据的一种方法。选择适当的群体，通过不同手段，控制有关因素，检验群体间反应差别。研究者运用科学实验的原理和方法，主要目的是建立变量之间的因果关系。一般做法是研究者预先提出一种因果关系尝试性假设，然后通过实验操作来检验。这是一种受控制的研究方法，通过一个或多个变量的变化来评估它对一个或多个变量产生的效应（Kotler & Armstrong，2000）。本研究方法主要应用于智能止鼾枕设计思路的实验分析，归纳智能止鼾枕的分型优化路径，并横向对比不同的优化方向，分析分型之间的产品特征，结合产品的需求分析和创新分析，最终得出合适的实践作品。而实验研究法主要应用在第五章节。

（6）实证研究法

实证研究法是一种与规范研究方法相对应的方法，它基于观察和试验取得的大量事实、数据，利用统计推断的理论和技术，并经过严格的经验检验，引进数量模型，对社会现象进行数量分析，其目的在于揭示各种社会现象间的本质联系。实践是检验理论的有效手段，而实证研究也是近几年研究论文的主要方法。设计是一门从实践中发展而来的学科，本研究的意义也偏重于指导实践，因此，探索研究的实践应用和循证研究是本研究的主要内容和目的。笔者通过构建创新扩散影响因素模型、智能止鼾枕需求模型等，并通过智能止鼾枕的购买数据，对模型和设计思维方法进行验证。

（7）相关性分析

相关性分析的定义是：在自然发生的情形下，测量研究者感兴趣的特定变量，以统计的方式来描述变量间的联系。相关性研究的目标是阐明一个或多个变量之间可能存在的相互关系（李立新，2010）。

本研究主要是通过量表法获取客户对产品设计需求的问卷数据，通过 SPSS 软件构建产品设计需求与创新扩散途径之间的关联关系，并通过主因子分析筛选数据，构建模型，再结合具体产品的购买数据进一步验证两者之间的相关性，最终得出产品设计思维与方法。

综上所述，本研究采用文献综述方法提出创新扩散在产品设计领域的研究视域和切入点，通过模型公式及案例跟踪分析得出创新扩散与产品设计技术、行为、过程、采纳、反馈等环节的相互影响和作用的具体情况。通过苹果产品、小米生态链产品、滴滴出行等一批智能产品及应用程序的详细阐述，借助溯因推理法，分析其背后成功的原因；从创新扩散视角解读产品特性和消费者采纳的缘由，从中构建产品设计的优化路径；采用问卷调查、量表法及公式推导等实证的方式探索创新扩散与设计方法之间的相关性关系；以智能止鼾枕的优化迭代设计为实践案例，通过创新扩散的前期理论构建、思维建立、优化路径选择等过程，以采集到的购买数据证明创新扩散思维对设计手法的指导和参照作用，最终形成创新扩散视野下的产品设计方法与策略。

第二章 文献综述

根据文献分析方法中的逻辑联系原则，本章按照三条路径展开：一是围绕创新扩散研究的基础范畴主题，结合创新扩散理论原理，以及主要研究对象和领域，界定创新扩散的研究范畴；二是围绕以设计学为基础的扩散研究，阐述本文采用的设计学原理，包括设计思维、设计动力、设计创造力、创新设计思维等理论与产品扩散关系的研究；第三，围绕设计领域的创新扩散方法进行综述，包括将创新扩散理论的研究范式、发展应用和在产品领域的扩散，作为集成设计和创新扩散二元系统的逻辑接口。在上述三个系统中，创新概念是连接系统最重要的关联。因此，文献综述以技术创新概念与扩散机制原理的关系为切入点展开。

2.1 创新扩散理论的研究综述

2.1.1 从动力机制角度进行的产品扩散研究

本研究主要从新背景下的设计方法性问题入手，将设计行为的本质归结为一般的再创新过程，以设计产品为创新主体，继而研究作为目标用户层或一般市场环境扩散的社会系统。因此，建立一个能够基于创新扩散理论进行描述和预测的逻辑系统，以作为本课题研究的基本范畴。后引入创新扩散原理，通过描述和预测产品不同重复周期的推广方式和扩散效果，控制产品各重复周期的设计方向、创新程度，研究以扩散为前提的产品设计方法。

这方面的主要研究成果包括王帮俊（2011）所著《技术创新扩散的动力机制研究》，其作为技术创新研究领域的组成部分，试图解决的就是建立满足技术创新扩散的动力机制这一问题。研究通过建立完整的技术创新扩散动力系统框架，从内部动力机理和外部保障机制这两个方面展开，分析了技术创新扩散的演化过程及其动因。研究者遵循系统分析和结构主义的思路，通过建立完整的研究构架，综合理论分析、模型推演、仿真技术以及案例研究的研究方法体系，围绕着技术创新扩散过程，系统地解决了如何构筑动力机制，进而解决扩散动力的问题。在理论研究方面，从技术创新扩散动力系统的一般分析出发，通过对技术创新扩散微观动力机理的分析，演进至技术创新扩散形成的复杂创新网络的形成动力研究，从单个的"点"（单个生产元）扩散至"面"（创新网络），同时对创新形成的复杂扩散网络遵循网络分析方法，采取相应的分析工具分析网络的形成动因和演化趋势，并进行了相应的仿真。

2.1.2 从案例定性角度进行的创新扩散研究

技术革新扩散理论（Technological Innovation Diffusion，TID）的源头是奥地利经济学家约瑟夫·A.熊彼特（Joseph A. Schumpeter，1883—1950）的创新理论，在其创立的五项创新中，技术创新是重要的一项内容（Schumpeter，2006）。在他的代表作《经济发展理论》（*The Theory of Economic Development*）中，熊彼特阐述了技术创新对经济发展的作用和影响过程，并认为技术创新扩散的力量导致了经济的周期性波动。技术创新的主体是企业家，企业家的天职是进行组织创新和观念创新。他并没有直接说出"扩散"这个词，只是提出了社会对技术创新的"模仿"，但他对技术创新扩散作用的认识非常清晰。因此，他至今仍被研究技术创新扩散理论的学者认为是这项研究的开始（Solow，1956）。他对技术创新理论再次进行了较为全面的研究，首先提出了技术创新成立的两个条件，即新思想的来源和扩散。这种"两阶段论"被认为是技术创新概念定义研究中的里程碑。60多年来，国外关于技术创新扩散的研究过程大致可分为以下三个阶段：

第一阶段是20世纪50年代初到60年代末。在新技术革命浪潮推动下，技术创新研究迅速复兴，逐步突破新古典经济学的局限与束缚，形成对技术创新起源、效应和内部过程与结构等方面的专门研究。

第二阶段是20世纪70年代初至80年代初。这是创新研究的持续兴旺阶段。研究成果主要由Klein（1982）和Mueser（1985）等人加以总结。这一阶段的主要特征是：

（1）创新研究从管理科学和经济发展周期研究范畴中相对独立出来，初步形成了创新研究的理论体系。

（2）研究的具体对象开始逐步分解，出现对创新不同侧面和不同层次内容的较为全面的探讨与争鸣。研究内容主要包括创新研究的理论基础，创新的定义、分类、起源（动力与机会）、特征、过程机制与决策、经济与组织效应、R&D 系统，创新的主要影响因素，创新的社会一体化和政府介入机制及相关政策，等等。

（3）逐步将多种理论和方法应用到创新研究中，如运用组织管理行为理论研究创新主体状态，运用信息论研究创新过程中信息流的发生、传递和作用，运用决策理论研究创新初期的风险决策机理，运用市场结构和竞争理论研究创新实现机制的效率，运用数理统计方法和创新样本数据分析创新成败的相关要素，运用宏观经济理论分析政府与市场影响企业创新的机制和作用，等等。这一阶段创新研究的方法以样本调查与理论推导相结合为主，Tornatzky 和 Klein 等在 1982 年对前十几年有关创新专题研究的论文所做的统计分析表明，采用这类研究方法的论文占 90% 以上。

这一阶段的研究主要有三个方面的局限性：第一，研究分散，重复研究较多，许多具体问题未经充分深入研究就被搁置。如创新行为的特性问题。人们先后提出了 30 多种创新特性，但对各种特性的内涵及其相关关系研究不足，提出的特性中有许多重复，直接影响了其理论和应用价值。第二，研究重点不突出。一般创新、教育、医疗、社会福利等方面的研究不少，对工业企业技术创新的研究相对不足。第三，对创新全过程的研究呈现出明显的前重后轻的倾向。无论是信息和决策分析，还是相关的影响因素和政策机制分析，都侧重于创新的采用阶段，缺乏对创新实现过程的相应研究。

第三阶段是从 20 世纪 80 年代初至今。该阶段的研究向综合化方向发展，主要特点集中体现在以下三个方面：

一是描述性总结，对某一专题现有研究成果进行分类总结说明。例如 Mueser（1985）对熊彼特半个多世纪关于创新定义的问题进行了历史回顾和梳理分析，为进一步科学地提出完整准确的定义提供了充分的研究依据。

二是折中协调性提高，即将创新研究中的争论重新提出，结合新情况综合分析各种观点并发表新理论。就像创新动力源长期存在的"需求拉动"与"技术推进"之间的争论一样，Munro 等人（2011）结合 20 世纪 80 年代的新情况进行了重新评估，提出了综合模式与技术轨道推进等新观点。

三是系统化归纳，即系统归纳传统分散性研究成果之间的内在联系，形成新层次的系统理论。如：Gerwin（1988）提出的以创新的不确定性为前提的创新过程理论，布朗（1989）等人在 1989 年以创新目标、创新阶段和决策输入变量为中心的相关性系统分析，Stoneman（1995）对技术变化的经济数理分析，以及 Coombs（2004）等人对创新和制造商行为提出的对经济与社会发展相互关系的分析等（王帮俊，2011）。

在综合研究成果的基础上，从现有研究范围中选取或新增重点专题进行深入研究。据美国国家科学基金会（National Science Foundation，NSF）20 世纪 80 年代中期的报告，相关热点问题包括创业组织结构与创新行为、小企业技术创新、技术创新实现问题、技术创新激励、研发体系、创新风险决策、企业规模与创新强度相关性、创新扩散学习与市场竞争战略等。实用性强的研究课题，如创新预测与创新活动测度评价、创新组织确立的策略与规范、政府创新推进政策跟踪分析、某行业技术创新或某项技术创新产生与发展的全过程分析等，都受到普遍关注，人们寻求将创新研究成果直接应用于社会经济的行动计划。美国针对以上创新热点问题，提出了专门针对小企业技术创新的大学—工业合作研究中心计划、学校创新人才教育培养计划等。

2.1.3 经典扩散理论模型相关研究

自 20 世纪 60 年代创新扩散研究带动技术预测和市场学以来，创新扩散模型的研究引起了人们的广泛兴趣。在技术预测和市场学中，有很多不同的创新扩散模型（官建成、张西武，1995）。

（1）巴斯模型及其改进模型

一个新产品投放市场后，其扩散速度主要受两条信息传播渠道的影响：一是传播广告（外部影响）这样的大众传媒，它能传播产品性能中易被验证的部分（价格、尺寸、颜色、功能等）；二是口头沟通，即使用者对未使用者的宣传（内部影响），它传播产品部分暂时难以验证的性能（可靠性、使用方便性、耐用性等）。巴斯（Dr. Frank M. Bass，1926—2006）在1969年提出了一个考虑这两个因素对扩散影响的模型（图2—1）。巴斯模型将 M 作为潜在采纳者总数（即"采纳者"的上限），$N_{(t)}$ 为到 t 时刻为止的累计采纳革新者数。考虑到社会压力的影响，t 时刻所采用创新的条件概率是采用人数比例的线性增加函数，p 是创新系数（innovation coefficient），q 是模仿系数（imitation coefficient），t 时刻采用创新的人数为 $n_{(t)}$，其表达式是：

$$n_{(t)}\,(\text{到}t\text{时刻积累采纳创新者数量}) = \frac{dN_{(t)}}{dt} = \underbrace{p\,(\text{创新系数})[M\,(\text{潜在采纳者总数}) - N_{(t)}]}_{(\text{只受外部影响作用的采纳者})}$$

$$+ \underbrace{\frac{q\,(\text{模仿系数})}{M\,(\text{潜在采纳者总数})}N_{(t)}[M\,(\text{潜在采纳者总数}) - N_{(t)}]}$$

式 2–1

公式来源：《创新扩散模型的研究进展与展望（上）》

式中第1项 $p[M - N_{(t)}]$ 表示采用者中仅受到外部影响的部分，被称为创新者（innovators）。第2项 $\frac{q}{M}N_{(t)}[M - N_{(t)}]$ 表示受采用者传播影响的部分，被称为模仿者（imitators）。

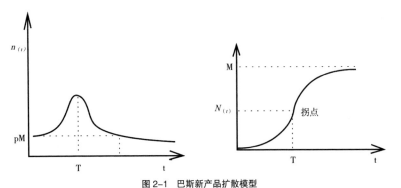

图 2-1　巴斯新产品扩散模型

资料来源：《创新扩散模型的研究进展与展望（上）》

Schmalen（1993）对这两类采纳人员的采纳动机进行了进一步研究，指出创新者的采纳动机主要是创新的程度，其次是广告，创新者对价格并不太敏感。模仿者的采纳动机主要是社会压力，其次是价格。

所以，累积采纳者数以缓慢的速度增长，直至趋向于潜在采纳者总数。模仿系数 q=0 意味着潜在采纳者采纳创新的行为不受已采纳者的影响，只受外部影响。可见，此模型适用于潜在采纳者之间交流很少或影响很小的扩散过程。

2.1.4 创新扩散的主要应用领域

创新扩散模型被广泛用于不同学科的扩散现象研究。虽然有很多应用，但仔细看相关文献可以发现，一般扩散模型有三种完全不同的用途。第一个用途是被用来描述行为事件，例如谣言传播和创新扩散。类似地，它们可被用作解释方法并用于验证基于扩散的特定假设。在Mansfield(1961)的著作中有后者的详细介绍，Mansfield使用扩散曲线来验证技术创新假设。

第二个用途是作为标准模型使用。例如，在某种情况下，给出了一个（"天然"的）扩散（销售量的增加）曲线形状，即市场相关人员使用扩散模型作为产品如何销售的依据。除此之外，实际上所有扩散模型的应用本质上都是标准的，这是因为研究者们假设，不管是明确假设还是隐式假设，分析数据都有某种可观察的规律。如果没有这个假设，他们不需要使用扩散模型。

第三个是最常见的预测，在商业领域非常流行，经常被用来预测新产品的成功或失败。这里，扩散模型只是预测的替代方法之一。虽然在预测技术应用中被广泛使用，但是用于预测传统时间序列数据的价值还没有被充分发掘。考虑将时间扩散模型用于预测时，首先应评估其与其他预测技术相关的特性和能力，例如，表2-1所示的扩散方法与Box-Jenkins方法（Makridakis & Hibon，1997）的简单对照。要考虑在预测中选择哪种方法，需要进行许多类似的比较以选择最佳方法。

表 2-1　扩散方法和 Box-Jenkins 方法预测比较

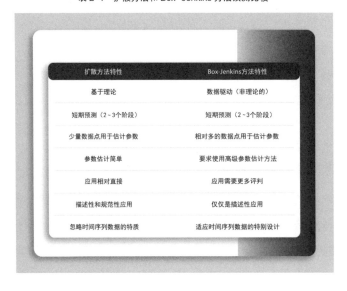

扩散方法特性	Box-Jenkins方法特性
基于理论	数据驱动（非理论的）
短期预测（2~3个阶段）	短期预测（2~3个阶段）
少量数据点用于估计参数	相对多的数据点用于估计参数
参数估计简单	要求使用高级参数估计方法
应用相对直接	应用需要更多评判
描述性和规范性应用	仅仅是描述性应用
忽略时间序列数据的特质	适应时间序列数据的特别设计

　　文献计量法能够利用已有的文献数据进行计量可视化的计算和呈现。本研究以 VOSviewer 和 CiteSpace 两款软件对文献计量关系进行计算，挖掘文献数据中的潜在规律和信息，更清晰高效地掌握创新扩散的研究热点与趋势。

　　而关键词能够反映出创新扩散理论主题、应用的关键性词汇，是文献计量研究的重要指标内容。对关键词进行计量聚类分析和共现聚类可视化呈现，能够直观地看出研究热点。本研究利用 VOSviewer 对近 15 年 760 篇英文文献和 3238 篇中文文献进行关键词共现分析，形成关键词共现聚类的可视化图谱。在此基础上，结合对文献的深度研读，将创新扩散关键词共现聚类排序靠前的研究归纳为四个热点主题：创新扩散的概念、创新扩散的理论拓展、产品设计（应用场景）和技术创新扩散。而且我们可以看出，在聚类热点方面，对创新扩散理论的研究和产品设计应用领域的研究是近 15 年最具有热度的领域研究。从创新扩散研究关键词共现聚类网络图谱中可以看出，聚类较为收敛，领域研究相对较为集中（图 2-2、图 2-3、图 2-4）。

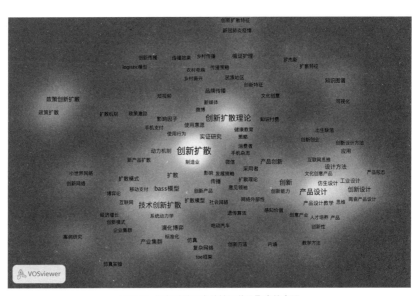

图 2-2　创新扩散研究关键词共现聚类热点图
资料来源：笔者自绘

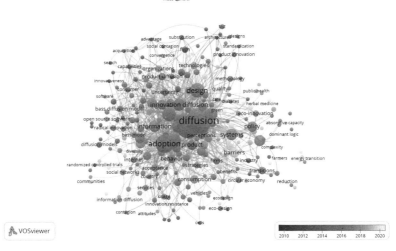

图 2-3　创新扩散研究关键词共现聚类网络图谱
资料来源：笔者自绘

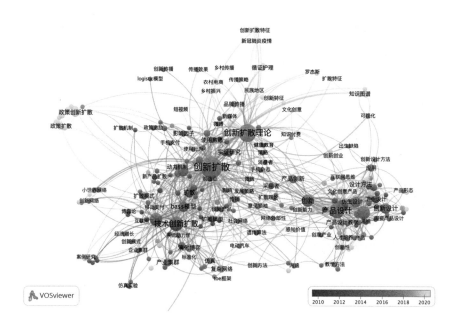

图 2-4　创新扩散研究中文关键词共现聚类网络图谱
资料来源：笔者自绘

　　通过 CiteSpace 软件对文献的计量分析获得中英文关键词时空发展图谱（图 2-5、图 2-6、图 2-7）。以图谱为线索，结合文献特征及关键词热点分析，对相关文献进行精读后，本研究把创新扩散理论分为三个阶段——理论解释、方法构建、多元应用，并结合图谱进行分析。

Top 25 References with the Strongest Citation Bursts				
	Year	Strength	Begin	End	2012~2022
实证研究	2012	2. 27	2012	2013	
扩散模型	2012	2. 14	2012	2013	
人才培养	2012	1. 94	2012	2014	
创新采纳	2012	1. 45	2012	2013	
扩散	2012	3. 27	2013	2017	
创新网络	2012	1. 21	2013	2016	
内涵	2012	1. 61	2014	2017	
仿真	2012	1. 22	2014	2015	
使用行为	2012	1. 2	2014	2017	
农业	2012	1. 1	2014	2015	
技术创新	2012	4. 03	2015	2016	
制造业	2012	1. 11	2015	2018	
企业集群	2012	1. 08	2015	2016	
传播渠道	2012	1. 08	2015	2016	
设计思维	2012	2. 9	2016	2019	
传播效果	2012	1. 49	2016	2019	
创新性	2012	1. 12	2016	2018	
信息传播	2012	1. 09	2016	2017	
产品创新	2012	2. 76	2017	2020	
创新	2012	2. 12	2017	2019	
创新特征	2012	1. 57	2017	2018	
影响因素	2012	1. 51	2019	2020	
政策扩散	2012	3. 33	2020	2022	
应用	2012	1. 77	2020	2022	
人工智能	2012	1. 32	2020	2022	

图 2-5　创新扩散相关研究关键词凸显图
资料来源：笔者自绘

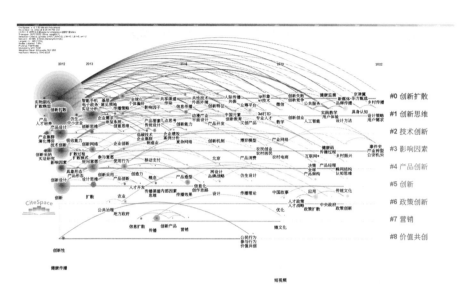

图 2-6　创新扩散研究关键词时空图谱
资料来源：笔者自绘

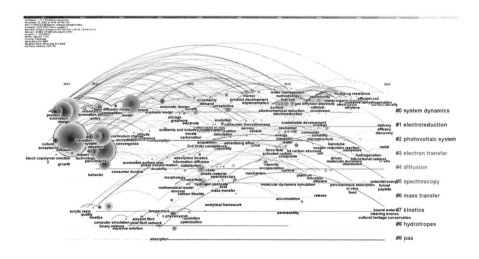

图 2-7　创新扩散研究关键词时空图谱
资料来源：笔者自绘

从图 2-5 创新扩散相关研究关键词凸显图中可以看出，整体趋势由"扩散模型""实证研究""创新采纳"等关键词反映出的宏观理论视角向"技术创新""制造业""传播渠道"等关键词反映出的微观应用视角转变，而且其中"技术创新"变异值最高，因此该关键词对文献研究的影响也最大。但最近两年创新扩散研究也在向人工智能等新领域转变。整体的发展脉络可以通过以下三个阶段进行梳理。

2012 年～2014 年：理论解释阶段

该阶段是创新扩散在国内外研究的基础起步阶段，国内文献的关键词包含创新扩散、创新思维、技术创新等，国外文献的关键词包含系统动力学、扩散机制、传递等，从中可以看出国内和国外都聚焦于理论的阐释和学术名词的论述。

2014 年～2016 年：方法构建阶段

该阶段是创新扩散理论稳步发展阶段，国内文献的关键词包含影响因素、产品创新等，国外文献的关键词包含系统光谱学等，这是将创新扩散系统化、理论化的时期，聚焦创新扩散的提升途径和方法，构建创新扩散的传播模型。

2016 年至今：多元应用阶段

该阶段是创新扩散理论应用阶段，国内文献的关键词包含价值共创、短视频、付费会员等，国外文献的关键词包含图像加密等，由此我们可以清晰地看出，创新扩散理论应用的领域包括传播途径、互联网产品、加密技术等。这些领域的创新扩散也从侧面反映出近几年的技术提升、产品力增强对于创新扩散理论应用的积极作用，因此，创新扩散理论与技术、产品的结合有着广泛的应用范围和途径，能够为设计方法的提出提供新的理论视域。

2.2 产品采纳的创新扩散理论研究

2.2.1 产品采纳的创新扩散研究现状

目前的扩散理论主要集中于商品形态设计在市场领域的扩散和推广，是对既定产品形态前提下的推广进程中扩散效率的统计和分析。其研究总量与30年前相比呈增加趋势（图2-8）。

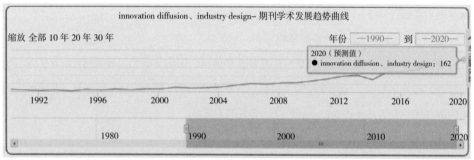

图2-8 与关键词 innovation diffusion、industry design 直接关联的研究成果发展趋势 1990～2020（预测）

在中文文献中，产品采纳的创新扩散研究主要集中在企业经济、宏观经济和贸易经济这三个研究领域，总占有率为47.1%（图2-9）。与设计直接相关的研究主要集中在汽车工业

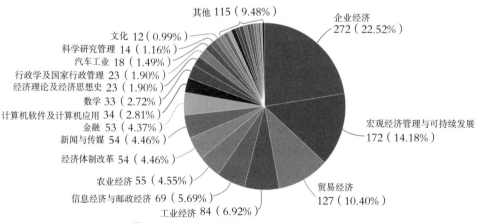

图2-9 Innovation diffusion，design 关键词相关文献学科分布
资料来源：知网数据、google 学术

（1.49%）、文化领域（0.99%），合计为2.48%。

而相应地，在国外研究领域，产品采纳的创新扩散研究主要集中在宏观经济、数学和企业经济这三个领域，总研究占比约为57.1%（图2-10）。其中，与设计直接相关的研究是在汽车工业（1.43%）、轻工业手工业（1.34%），新闻媒体等比例约为2.17%。

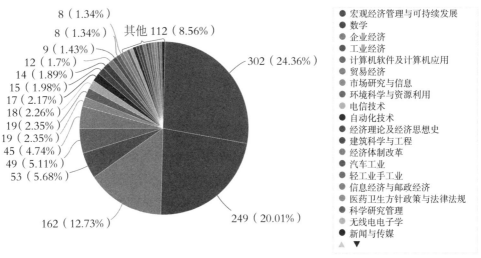

图 2-10　创新扩散与产品关联的国外研究专业占比
资料来源：知网数据、google 学术

由此可见，不管是在国内还是在国外，创新扩散与设计研究的直接关联性相对较小。此外，主要研究目标是特定产品在不同领域的扩散机制，主要研究方法是统计实际产品的扩散在 S 形曲线增长趋势中的具体形态。具体研究思路如下：

首先以经典扩散形式 S 形路径为标准形式，建立具体的增长模型。此时最常用的方法是建立对数方程，随着时间的推移，某些变量的变化不仅与其自身有关，而且与其增长的极限值有关，如式 2-2 中的目标序列，时间 t 的函数 k 和 A 都是常数。

$$\frac{dy}{dt} = ky\,(A-y)$$

式 2-2　时间与扩散率基本关系式
公式来源：《创新扩散模型》

$$y = \frac{A}{1+Ce^{-at}}$$

式 2-3　扩散系数关系式
公式来源：《创新扩散模型》

其中，"扩散系数"（diffusion coefficient）决定产品扩散的速度，数值越大，速度越快，会根据产品、市场容量的不同而不同。为了标准化，通常用渗透率（饱和率 / 普及率 / 采用率）来描述，式 2-5 是渗透率的原始方程，式 2-4 是其一阶导数，是创新产品扩散速度先增加后降低的开口向下的抛物线。

$$\frac{dF}{dt} = aF\,(1-F)$$

式 2-4
公式来源：《创新扩散模型》

$$F = \frac{1}{1+Ce^{-at}}$$

式 2-5
公式来源：《创新扩散模型》

图 2-11 是创新产品扩散的标准形式，其特点是左右拐点位置相似，即在拐点上创新产品渗透率恰好为 50%。产品生命周期一般分为四个阶段：引入、增长、成熟和下降。拐点的到来表明，产品进入成熟期，扩散的速度持续下降，这是因为更新一代的创新产品参与竞争并形成了迭代。

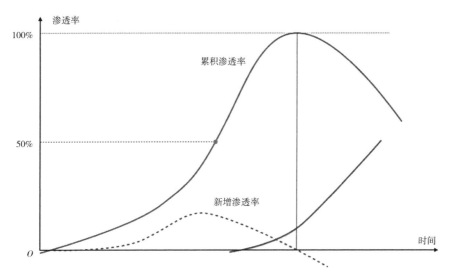

图 2-11 创新产品扩散的标准形式
资料来源：《创新的扩散》

S 形增长只是整体上的一种趋势，并非绝对法则。例如，戈尔德（Gold）就考察了美国 35 个生产指标在 1930 ~ 1955 年的时间序列数据，发现只有 4 个指标触顶之后下折。事实上，他发现了 12 种不同的模式。所以，"S 形增长"只是标准型，现实中存在多种变体。归纳起来，大体可表现为如下四种模式（图 2-12）：

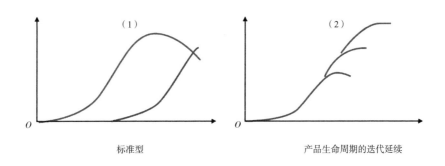

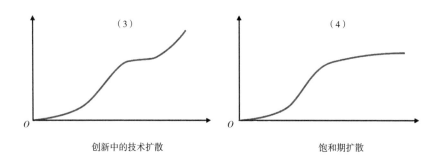

图 2-12　四种产品扩散模式
资料来源：《经济长波与创新》

形式（1）是标准型，描绘了智能手机代替传统手机、数字音频代替模拟音频、彩色电视代替黑白电视，以及电动汽车代替燃料汽车和 5G 代替 4G 等新一代产品代替旧产品。

形式（2）描述了产品生命周期的延续。在技术方面，可能是因为发现了新的功能属性，典型的代表是汽油、柴油、内燃机和柴油机，使以前作为危险材料的精制副产物实现了在功能属性方面各项新用途的发现，这将延长创新的生命周期。另一方面，搭载同一类型的创新产品，由于产品外观、体验等方式的迭代，在不出现新功能提升的前提下，通过迭代能够实现具体产品生命周期的延长。

形式（3）表示同样的产品再生，也有手机等的功能变化的可能性。随着数字娱乐技术的登场，手机作为通信设备的功能在下降。同时，随着新产品形态智能手机的问世，其功能从一般的通信工具转变为个人数字助理，并逐渐转变为个人数字终端。这里需要指出的是，从表面上看，手机采纳者的个人规模并没有明显突破，但是在实际市场需求上出现了更大的增长，是一种以形成需求增量为基础的增速扩大。这意味着出现了重复采用行为——这种重复采用行为比手机型产品在用户层面上的主动废止、扩散源设定废止计划周期更短，是典型的功能型创新带来的能动扩散。

形式（4）表明某产品进入饱和阶段后并没有很快被新一代产品所取代，其市场占有率进入了相对稳定的平台期，通常符合一般技术创新的扩散规律。如虚拟现实技术等，没有革命性技术或现象性产品形态的出现，扩散已经逼近极限。但是，由于技术功能的需要，扩散的累积采纳者不会消失。

罗杰斯在《创新的扩散》中详细论述了影响新产品市场扩散的因素，如产品的相对优势、复杂性、试用性、可观察性和兼容性。新产品大多是对旧产品的替代，相对优势尤为重要，它的诞生也具有革命性。对此，罗杰斯在论述时列举了赛格威（Segway）两轮平衡车 2001年宣传时采用的消极推广案例。为了说明其革命性，发明人迪恩·卡门（Dean Kamen）模拟了汽车对马车的替代，以及赛格威两轮平衡车对汽车的替代：它将成为未来的主要交通工具。从功能性角度看，两轮平衡车具备"相对优势"而非"绝对优势"：搭载一人，续航里程 10英里 [①]，最高时速 12 英里 / 小时 [②]，应用场景实际上非常有限。但对于"复杂性"来说，复杂度越低的产品肯定越容易被接受。"试用性"是指消费者是否有体验的机会，像现在的汽车 4S 店一般提供试乘服务。赛格威两轮平衡车最初目标是在亚马逊销售，这就限制了市场开拓。从"兼容性"来说，iPhone 的 iOS 系统和安卓系统有很多不兼容的地方，习惯使用三星和华为手机的用户，接受 iPhone 的难度加大，会影响消费者对产品的接受情况。这意味着在扩散系统中，诸如创新性、功能性、学习成本和用户体验等一系列元素的主次划分不是固定的系统，而是一个动态平衡的过程。这也使设计成为能够突破传统意义上的如以多元化方式影响产品扩散、实现重复采用等一般扩散形态的内在推动力。这些作用在以往的研究中由于上述研究立场偏见等原因而未被纳入主要研究范畴，但在新的研究中已经得到重视，归结为通过技术推进加强集体采纳者主观意见独立性的"个人力量"。

哈佛商学院经营学教授 Eli Ofek 将创新价值中影响创新扩散的力量归结为个人力量和社会力量。个人力量（又称内部力量）是指消费者在选择是否接受新产品时，不考虑社会体系中其他人如何选择，而是完全依靠自己的喜好。社会力量（又称外部力量）恰恰相反，其他人的选择对其具有很强的影响力，即"随波逐流"，这正是网络外部性的体现。这两个因素

---

① 1 英里 ≈ 1609 米。
② 12 英里 / 小时约为 19308 米 / 小时。

分别被两个参数取代，个人力量为 p，社会力量为 q。参数值越大，代表影响力越大。营销学专家弗兰克·巴斯描述了创新扩散的基本模型，并用公式 2-6 来表示：

$$n_t = (M - N_{t-1}) \left(p + \frac{qN_{t-1}}{M} \right)$$

式 2-6 巴斯等式个体采纳者动态变化
公式来源：《创新的扩散》

上述等式被称为"巴斯等式"，描述了各期新接受者的动态变化。其中第 t 期新收货人数＝当期未收货者 ×（个人力量 + 社会力量 × 前期接受的比例），可见时间、市场潜力、个人力量、社会力量影响着创新产品的扩散速度和扩散轨迹。产品通过个别管线扩散的形式，是产品创新（扩散株）通过扩散外域因素影响传统扩散内域，达到新型扩散的重要途径。这种形态类似于流行病的传播，也是现代设计产品在一般环境下摆脱同质化竞争，实现"现

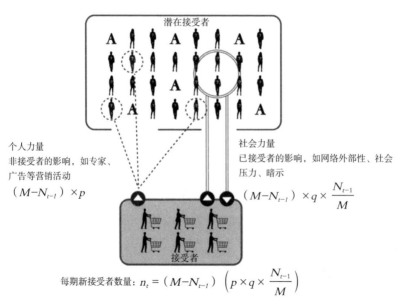

图 2-13 个人用管道与一般扩散管道的关系
资料来源：《创新的价值》，欧菲克

象级"或成为曾经执掌日本任天堂游戏制作公司的山内溥所言的"病毒式传播"的基础理论依据。个人用管道与一般扩散管道的关系如图2-13所示。

巴斯等式来源于流行病学模型标准炎症反应（standard inframmatory response，SIR）模型，也可理解为易感染（susceptible）—感染（infected）—消除感染 [（恢复或死亡）（recovered or die）]，记述了病毒感染的三个阶段。病毒的传播也可以分为两种途径：一是外部感染（由于外部因素的扩散），二是人到人的感染（由于内部因素的扩散）。不仅如此，还需要考虑重复感染的情况。也就是说，重复采用在现代移动互联终端、观念传播等扩频形态中表现得非常普遍。在此系统下，扩散宿主选择扩散株时会根据对扩散株的免疫敏感性程度，分为一次选择和可重复选择进行区分。以病毒性流感为例，在扩散株中存在的扩散系里寻找它，所有健康的人都是潜在的感染者（即潜在的接受者），一旦被感染，脱离被感染状态只有两条途径，其中之一的形成疫苗免疫感染虽然可能使人们自己成为新的扩散宿主，但在恢复后很可能保持3个月的免疫，从而降低扩散率。像感染水痘这样的接受者可以一生免疫，而感染性胃肠炎几乎不能免疫，所有人都有可能成为重复扩散宿主。从上述模型的特征可以看出，当个体影响因素作为可见变量并入宏观扩散系统时，创新扩散也可以遵循这样的路径。有区别的是，对于一般的技术创新，特别是功能型创新，比如数字通信、电力等基础通用技术，一般的扩散情况都是一次性的。另外，如何预测该扩散的变化成为影响后续扩散形态的重要因素。因此，在将产品生命周期设为 t，基于单一产品扩散到各轮后，该产品本体丧失扩散动力，与其相关的创新或再创新因素，例如重复产品、品牌、外观特征等可继承因素，对扩散宿主的易感性被称为"渗透率"。式2-6中的第 t 期累积扩散的渗透率 f，具体计算如式2-7：

$$f_t = \frac{n_t}{M} = \frac{(M-N_{t-1})\left(p+\dfrac{qN_{t-1}}{M}\right)}{M} = (1-F_{t-1})(p+qF_{t-1})$$

式2-7　累积扩散的渗透率公式
公式来源：《创新的扩散》

因此，仅通过知道三个参数，即式 2-7 中的个人影响权重 p、社会影响权重 q，以及反复轮数 t，就能够推导出新产品在不同时期的扩散状况以及市场渗透率的状况，从而建立有效的设计产品扩散预测机制。

2.2.2 产品采纳创新扩散的实现路径

在以往产品采纳创新扩散的研究中，很多学者采用定量与定性相互结合的研究方法。例如张庆普、李沃源等学者（2015）采用文献分析、田野调查、访谈、案例研究等定性研究方法，主要从产品设计的文献资料、国内外产品设计的优秀案例、消费者的评价词汇等方面进行资料的搜集与陈述，并得到相应的策略和方法。而官建成、张西武等学者（1996）采用模型推导、公式计算、实证研究等定量方法对巴斯模型进行改进，形成新的扩散模型，从而探讨模型中的确定性因素，以促进产品创新扩散的作用。以下是本研究实现路径的详细阐述。

（1）案例分析环节

数据分析法：根据实践验证案例的具体设计和销售情况，建立统计数据库，并根据不同指标建立相应的扩散谱，在验证扩散曲线的前提下建立产品扩散规则，并用于验证设计方法对扩散的影响。

访谈法：针对代表性案例，对设计人员、用人单位进行访谈。通过对访谈结果的分析，验证研究的基本假设是否成立。

问卷调查法：设计问卷，收集个体或群体采纳者的意见，验证设计方法对扩散效果的影响，并收集该影响对可行设计决策的转变。

案例跟踪研究法：以典型设计案例为对象，从无关者的角度跟踪研究设计的观念、决策、实施、推广效果，并对过程进行记录、总结，生成研究报告，证明研究模式的假设。

行为研究法：首先，分别组织多设计方案对比组，对不同的设计策略进行对照，分别记录设计过程，对初始产品扩散形态进行记录对比。其次，引入不同的扩散行为模型，对各组迭代设计过程进行记录统计，形成比较分析。

（2）实验验证

实验验证环节包含两个部分，首先是实证案例选择。在案例研究对象的选择上应当充分体现信息时代技术创新的影响，以反映该对象对本理论研究的典型性与相关性。例如，将智能止鼾枕具体的开发设计和销售推广实践作为基础实证研究的基础。主要作用为：第一，提供具体设计项目及研究标本；第二，提供创新环节中的具体数据，以作为量化研究数据；第三，提供设计方法的实验环境。

其次，通过数据采集、分析以及仿真，进行现有产品设计策略扩散效能的统计，以及不同设计指针下产品未来扩散趋势的预测，从而实现研究的量化描述。

（3）实验项目的理论模型构建

在案例研究、量化数据统计的基础上，通过对各项变量间相互关系的关联，建立设计创新各项要素与创新扩散重要指标的直接量化关系，从而实现基础理论模型的构建。

（4）动态博弈模型研究

将具体设计行为中的创新方式及效果的量化表达作为因变量，将创新扩散体系中的各项扩散量化指标作为自变量，从而形成的动态协同关系，会随着各项的因变量指针表达而调整，宏观表现为结构性的动态改变，微观表现为在产品生命周期中各种设计方式、产品的扩散形态以及产品迭代需求的变化。因此，需要将初步理论模型纳入动态体系进行研究。

结合产品设计的特性与本研究的目的，选用文献综述法、访谈法、行为研究法、案例跟踪法、溯因推理法等定性方法，以及量表法、模型公式、实证研究等定量研究方法，以达成研究的内容和目的。

2.2.3 创新扩散理论为产品设计提供理论参照

创新扩散在社会学、经济学、营销、生态学、计算机科学等多个学科都有广泛的研究。关于创新扩散的传统文献，以聚合行为和趋势模型为主。然而，基于代理的建模（agent-based modeling，ABM）模式越来越受欢迎，因为它捕捉了代理的异构性，并支持通过社会和地理网络的交互细粒度建模。尽管 ABM 在创新扩散方面的大部分工作都是理论上的，但基于经验的模型在指导产品战略方面变得越来越重要。

本研究对基于经验的创新扩散主体模型进行了批判性回顾，并根据主体模型的类型和应用进行了分类。将设计与创新扩散领域的建模方法相融合后，我们认为原先在该领域普遍采用的最大似然估计框架，其实可以被看作一种新颖的设计范式，可用于产品设计的传播和预测。创新扩散理论为产品设计提供理论参照这方面的研究相对空白，这正是本研究要探索的地方。

第三章　基于创新扩散理论的设计思维分析

3.1 创新扩散对设计环境的影响

3.1.1 技术扩散对设计方式的驱动

在创新扩散的视野下，创新社会扩散过程被视为一种特殊类型的传播实践，包含在观念、技术、产品、行为、事件等各方面的创新信息以创新发明人或发源地作为传播源，通过特定渠道广泛传播到使用者或对象所在地区。时至今日，许多创新扩散研究都建立在传播论的基础之上，不仅关注创新信息在宏观空间所能达到的范围和形状，揭示空间不平衡状态下扩散趋势的原因和机制，也关注创新扩散从发明人向潜在采用者转移的过程和规律。

现有研究表明，一项创新不会以任何物质形式影响经济发展，除非得到潜在用户的广泛使用（Dedehayir 等，2017）。因此，创新在微观维度的扩散实践和学理研究至关重要。创新扩散微观视角研究，注重发明创新的产生过程，以及潜在采用者接受和采用创新的时间，最终将研究问题转化为创新发明的产生者向潜在采用者传播新技术这一过程模式，即某一创新成果被潜在用户认知和接受最终归结为一般采用的过程。扩散过程、扩散策略和扩散效应是学界研究创新扩散微结构关注的主要维度。在罗杰斯的早期研究中，创新的社会扩散过程被整理为认知、认同、决策、实施、确认五个阶段（Kijek，2010）。此外，许多案例研究表明，不同扩散阶段的扩散策略使用效果不同。事实上，扩散效应的研究是对潜在使用者群体的采纳行为及采纳效率的研究，其中包括对采纳人员种类、采纳速度等关键因素的探讨。除时间、渠道、社会体系外，技术创新的五个属性（相对优势、兼容性、可试验性、复杂性、可观察性）将直接影响新技术的采用效率。段哲哲等人（2018）认为，根据采纳效率和时间的先后顺序，可以将采纳人员分为创新者、早期领导者、早期追随者、晚期追随者、落后者等不同类型。罗杰斯对创新扩散模式的研究被美国学界认为是传播和发展的主导范式。

3.1.2 应用扩散对设计形式的促进

随着 20 世纪 60 年代创新扩散实践对全球经济增长与经济结构所做贡献的日益凸显，学界基于罗杰斯创新扩散理论，对创新扩散实践应用展开深入讨论，并涌现出较多基于西方经济社会情境的扩散应用现实案例。在采用创新扩散理论对现实世界进行应用扩散的过程中，创新扩散理论在应用领域的局限性逐渐显现并得以不断修正，而其理论阐释也在随之发展。其中，最为重要的里程碑事件是罗杰斯本人对创新扩散应用的四次理论修正，第一版（1962年）出版前，扩散学说的研究集中在美国和欧洲。在第一版和第二版出版期间，即20世纪60年代，拉美、非洲、亚洲的一些发展中国家也开始关注此领域，传统的扩散模型被这些视发展为首要任务的国家很好地应用起来。扩散的模型属于实用型的框架，适用于农业发展项目、计划生育、公共卫生、营养标准等方面。不过，随着对扩散模型在发展中国家的应用研究，罗杰斯本人和其他学者都发现了原有框架的局限性，因此，罗杰斯对原有框架做出了相应调整。与过去四版相比，第五版采取了更加批判的立场。在过去的40多年里，扩散学说的发展取得了长足的进步，被广泛地认可、应用和尊敬，同时受到建构和解构式批判，主要是对很多学者自行定义的研究方法和范围的局限性的批判。从扩散学说的研究人员建立起"无形学院"（Invisible College，即研究人员为了研究某个领域而建立起来的沟通网络）的那一刻起，他们就不自觉地限制了创新扩散学说的研究领域，他们建立起的"标准化"限制了这门学说的进步。现在，世界正在面对着各种社会变迁和社会问题，创新扩散学说同样受到影响，如互联网、艾滋病、恐怖活动等。互联网的扩散速度超过了人类历史上任何一种创新技术，而互联网的扩散也例证了一些概念，如临界点。"数字鸿沟"（信息富有者和信息贫困者之间的鸿沟）的概念很好地帮助我们了解到创新带来的不平等的后果。在第五版中，罗杰斯更加详尽地介绍了互联网的扩散，认为这种交互式的通信手段将改变扩散的某些过程，如消除或缩短了人际交往中的距离。科技进步和信息传播媒介渠道，解决了创新扩散的方向、传承人与接受者互动的模式、观念领袖以及社会结构特征等研究困境，因此，应用扩散对设计形式也是一种促进和发展。

1978年，改革开放给中国带来了新的发展机遇。作为发展中国家，中国不断从技术创新的"追赶者"向"领先者"转变，技术创新成果的社会扩散效应促进了中国经济的快速发展，学界开始聚焦于西方针对中国有效技术扩散的实践。1980年前后，我国将西方技术扩散理论应用于我国技术扩散实践，带来了一些启发，但不太符合我国的实际研究状况。因此，2000年前后，一些学者针对中国的现实情况开展了创新扩散本土化研究。金兼斌（2008）从整个扩散网络的视角对各影响因素、创新特性及决策机制进行了论述，并在现有扩散模型的基础上提出了补充说明，随后根据我国现实情况开展的创新扩散研究逐步转向具体领域或特例范畴，由此产生了丰富的案例素材，在一定程度上弥补了现有创新扩散理论研究的不足。自此，在我国现实情况下，我国学者紧跟时代潮流，不断挖掘新的研究素材和实例以形成应用扩散，修正和补充现有的技术扩散理论，使其符合我国实际研究状况，并成为创新扩散研究在设计形式方向的促进力量。作为领导第四次科技革命和产业变革的核心，以智能驾驶为代表的人工智能技术领域为世界经济增长和结构转型做出了重要贡献，也是中国争夺新的国际话语权、实现技术扩散和创新反超的典型研究领域。其中，传统汽车的创新扩散包括智能化程度提升的传统汽车、智能化电动汽车、无人驾驶汽车、多内容的移动空间等。这些扩散，促进了汽车形式（或样式）的发展，例如宝马的"城市愿景"、广汽的"城市咖啡厅"、南京艺术学院的"城市智能化移动微厕所"等，均为设计提供了更广泛的舞台。我国智能技术创新扩散实践反映了当前时代背景下我国人工智能技术创新领域的典型扩散特征，是我国创新扩散实践的典型应用素材。同时，根据我国情况开展的创新扩散研究，更加关注传统领域的创新和新型消费品的升级，如农业科学创新推广、工业制造领域的技术迭代升级、其他大众消费品类的采用行为等。因此，根据我国情况，以应用扩散为设计形式的改进具有重要意义。同时，识别产品不同阶段创新扩散特征的异同，有助于扩大和丰富设计具体产品更新迭代的研究，获得有价值的实践启示和经验借鉴。

3.1.3 观念扩散对设计范畴的拓展

近现代信息技术的突飞猛进引发了设计观点的扩散，对设计范畴的拓展也起到了极大的推动作用。特别是经历三次工业革命后，工艺美术运动、新艺术运动、互联网思维等设计思潮带来设计观念的扩散，原先针对产品的发明创造也转变为有目的地解决现实问题，因此，产品设计从原来的制造业转变成计算机技术、原子能应用、生物技术应用等设计理念和产物的更新，尤其是以 5G 为代表的新一代通信技术的逐步落地和商业化应用，将促进大数据、云计算、人工智能等相关信息技术的发展，万物互联的人工智能产品时代即将到来。本节将讨论观念扩散对设计范畴的影响和作用，探索未来应用范围的愿景。

Norton 模型认为，观念的革新带来技术变化，从而改变设计拓展的潜力，而这种潜力分为两部分：一部分是通过产品性能改善或产品创新开拓的新市场；另一部分是上一代产品的潜在采用者改变想法，成为新产品的采用者，以及上一代产品的采用者采用新产品等，是从上一代产品转移过来的市场。以三代产品共存为例，提供 Norton 模型公式：

$$
\begin{cases}
N_1(t) = F(t)M_1 - F(t-\tau_2)F(t)M_1 = F(t)M_1[1 - F(t-\tau_2)] \\
N_2(t) = F(t-\tau_2)[M_2 + F(t)M_1][1 - F(t-\tau_3)] \\
N_3(t) = F(t-\tau_3)\{[M_3 + F(t-\tau_2)][M_2 + F(t)M_1]\}
\end{cases}
$$

式 3-1

公式来源：《基于改进创新扩散模型的移动互联网产品迭代扩散研究》

Norton 模型的前提假设如下：采用新技术的新产品创新系数与模仿系数相同，其扩散过程中同质转型产品之间只存在替代关系，新一代产品进入市场后，其潜在接受者不会转向旧一代产品，旧一代产品接受者和潜在接受者会逐渐向新产品过渡扩散，旧一代产品的采用者随着时间的推移全部过渡到下一代产品，即旧一代产品的最终市场扩散数为 0，这表明观念扩展对产品设计有显著的影响作用（图 3-1）。产品的有用性和易用性是解释个人采纳意愿的两个主要决定因素。产品的有用性是那些相信使用特定技术或产品会提高自己或他人工作表现的人，产品的易用性是指特定技术或产品的使用难易程度。因此，产品的有用性和易用性反映出产品的时代观念特征，而互联网的渗透，使得人们的生活方式、生存状态发生了巨大变化，因此，采用具有引导性的造型语言和简单的造型，可突出产品易用性和有用性，这也成为产品设计的宗旨，但是设计产品在不断迭代和更新，其设计范畴也在不断拓展。

如果从"迭代"的角度来看，观念的扩散影响了设计。例如"城市智能化移动微厕所"，就是从"我去找厕所"改变为"让厕所来找我"，这是观念的变化。"家庭乘用车"到"城市移动空间"，这是观念的变化。这些变化，确实能够拓展设计的范畴。宏观地讲，产品设计从"生产型服务业"走向产业链的"链主"，这些都是观念的变化。

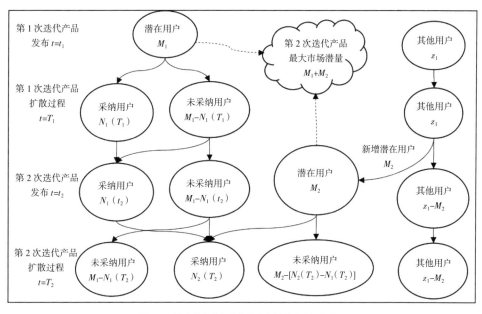

图 3-1　技术带来产品迭代的创新扩散采纳用户说明
资料来源：《基于改进创新扩散模型的移动互联网产品迭代扩散研究》

3.1.4 创新行为为扩散提供内在动力

自 1969 年巴斯模型提出以来，创新扩散模型化的研究产生了大量科学文献，包括围绕该理论的文章、书籍，以及关于该模型实际应用的研究。扩散模型的主要目标是基于时间的数学函数描述潜在接受者之间的创新传播模式。Kijek（2010）评估了创新扩散数学模型及其参数估计程序的最新进展。此外，所提出模型的理论问题得到了实证研究的补充。该研究的目的是探讨三种扩散模型（即巴斯模型、Logistic 模型、动态模型）能够在多大程度上充分描述 29 个 OECD（经济合作与发展组织）国家宽带互联网用户的扩散。这项研究的结果是模糊的，没有说明哪种模型最能描述宽带互联网用户的扩散模式，但是对于提供的结果，在大多数情况下，动态模型并不适合描述扩展模式。Kijek 还讨论了创新扩散模型进一步发展的有关问题，并提出了一些建议。

创新本身反作用于其所在的社会体系，成为推动自身在社会体系内不断扩散的重要驱动力。Norton 等人（1987）在从代表性创新产品出发的实证研究基础上，将同类产品的重复因素引入机制范畴，建立了扩散模型。在此基础上，Mahajan 等人（1990）将产品多代同质化竞争引入扩散体系，证明了以功能迭代为代表的片面创新活动等因素同样会影响市场等扩散环境因素。同时，市场的变化也反作用于创新行为本身，由此可以证明扩散影响创新效能，并通过一定的市场反馈等机制作用于创新行为。

综上所述，产品创新与扩散呈现出相互影响的态势，面向产品的创新行为，不仅积极改变创新扩散的环境，同时受环境制约而发生变化，这种变化主要体现了创新的迭代方式和最终在产品中体现的具体差异性。创新需要以产品为物质形态，通过社会系统的采用和扩散来实现。相应地，产品功能升级、体验优化，甚至使用方法和使用观念等具体创新，也对产品的采用和扩散效果产生了显著的影响。

民用飞机产业是一个有力的例子。民用飞机是典型的知识集约、技术集约型产业，也是国家工业整体能力体现的重要标杆。专利反映了技术的发展和方向，在民用飞机快速发展的环境下，民用飞机市场暗流涌动（李桦楠等，2022）。专利是创新成果的重要组成部分，在很大程度上反映了企业创新扩散的真实水平。根据 INCOPAT 数据库的搜索结果，波音公司在1915 年至 2021 年 8 月底在全球申请了 30702 项技术相关的 94063 项专利。空中客车公司（简称"空客"）在全球范围内申请了 20333 项技术方面的 85682 项专利。图 3-2 展示了两家公司专利申请的倾向。

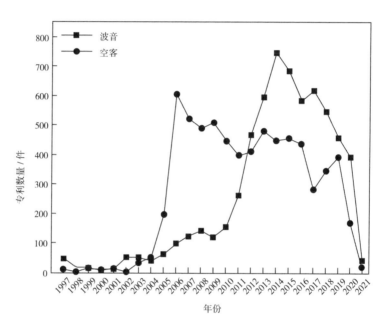

图 3-2　1997 ~ 2021 年波音和空客在中国申请专利的趋势
资料来源：《波音与空客在民机航空业的专利技术发展及布局》

　　数据显示，自 2002 年以来，波音和空客这两大巨头在中国民用飞机领域的使用专利数量显著增加，2019 年两家公司的专利申请数量相当，2006 年、2008 年、2014 年、2017 年、2019 年达到一个阶段，开发时间线和峰值与中国民用飞机开发、项目构建、制造、运营等的时间线和峰值基本一致。但自 2019 年以来，创新扩散的总体趋势放缓，这符合创新扩散曲线（图 3-3）——随着时间的推移，产品创新首要经过几何增长阶段，然后增长趋势放缓。

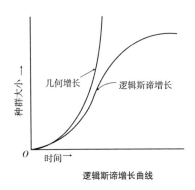

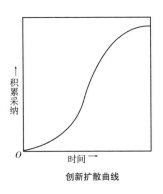

逻辑斯谛增长曲线

创新扩散曲线

图 3-3 创新扩散曲线

资料来源：《创新扩散模型》

通过研究波音和空客的创新扩散和专利申请数据，在产品设计布局战略方面，我们要关注区域布局和具有潜在竞争力的国家或地区的重要创新成果布局，保证我们的产品能够正常运作。在确保产品的生产和开发的基础上，我们要充分利用现有技术，不断创新和改进，突破核心技术壁垒，建立有效的专利壁垒，并建立更广泛的发展基础，以达到产品设计创新扩散周期的下一个阶段。

3.2 创新扩散与设计思维的辩证关系

3.2.1 设计思维改变扩散机制

开发新产品需要构建良好的设计思维。创新从何而来？规则和原则是什么？根据罗杰斯的理论，创新由一系列的思维、行动和活动组成，因此，创新的产生和发展也必须基于设计思维的构建。在设计领域，这种行为和活动可以定义为意识，因此，创新的产生有明确的路径：设计思维产生思想发展。

创新设计的出现通常始于对所存在问题和需求的认识，也包括为一些利益、要求而刻意创造问题和需求。这种意识鼓励人们继续研究和开发活动，从而为这些问题和需求创造解决方案。在庄一召的文章《论智能产业》中，智慧根据其内容和功能的不同，分为创新智慧、发现智慧和规则智慧三大类。在文化语境中，智慧可以理解为创造力，即设计思维。并且根据产生和作用，我们可以把这种思维分为三类：规律性思维、发现性思维和创造性思维。规则意识用于解决一些现有问题或满足一些需求，使用规则和方法来调整、整理、纠正和改变现有的东西。从这个意义上讲，设计思维主要是改进、优化、细化，这也是设计思维最一般的意义。

根据扩散研究的结论，首先，采纳者试图对创新所取得的结果进行科学评价，但很多个体往往做不到这一点。他们相信采纳者对创新的主观意见，希望能有一种仿佛自己也采用了这一创新的体验。创新的扩散过程是一个非常社会的过程，用户与用户之间的沟通渠道比媒体渠道更广泛、更复杂。除了传统的新闻媒体，信息时代网络的发展为传播渠道带来了史无前例的发展。世界上每时每刻发生的最新新闻和消息都可以通过网络轻松获得。我们应该认识到，不仅是新闻，创新传播过程中的用户体验也是促使创新扩散的重要因素。对于创新信息，在这个主流媒体强制输入的前提下，用户更愿从其他用户而不是媒体获取关于创新的第一手信息。

因此，我们发现根据传播的特殊性，从用户角度改变原有的设计思维，并构建有利于口碑效应传播的设计思维方式，对设计尤为重要。若一种设计思维或一种产品设计方案被个人或群体视为全新的，它在扩散传播的角度则具有新奇感，能够满足现代人对新技术、新科技的需求，有利于传播。实际上，保持新鲜在设计销售行业很常见，例如有计划地推进废除制度。20 世纪 50 ~ 60 年代，通用汽车的总经理和设计师厄尔在设计新的汽车样式时，计划在未来几年里对设计进行部分改变，每 3 ~ 4 年都会有很大的变化，计划性地推进"设计"的老化过程，也就是说，有意识地推进"计划废除"制度。

设计思维是从零开始创造或发明新事物。这种意识下的设计，主要是创造新的需求和新的体验。扩散传播需求的创造是未来设计思维发展的重要指标。

创新经过一定的时间，通过特定的渠道，在某个社会系统成员中传播，这就是创新扩散的过程。这一过程中的四个主要因素是创新、传播途径、时间和社会系统。这四个因素对产品的创新扩散行为起着决定性的作用。在动态变化中，创新设计行为直接关系到项目设计创新的采用结果和效率。深入理解设计行为在创新扩散系统中尤为重要，整个过程包括设计行为、设计过程，以及扩散信息的筛选与传递。在设计实践过程中，设计信息与扩散的渠道关系非常紧密，一般分五个阶段进行论述（图 3-4）。

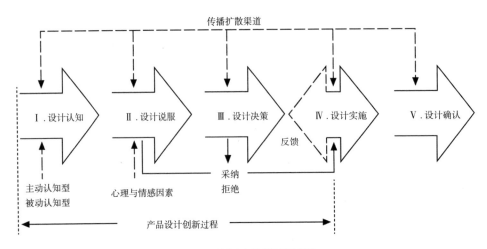

图 3-4　设计信息与扩散的渠道关系
资料来源：《基于创新扩散理论的个人电子产品设计研究》

（1）设计认知阶段

个人或团体认识到某一产品设计创新的存在，并了解其作用和功能，这就是设计认知阶段。由于设计的创造性决定了设计创新从无到有，对于用户来说，认识创新技术和产品功能的过程变得非常重要。

另外，这里将设计认知分为主动认知型和被动认知型两种类型。前者容易关注设计创新动向，希望主动认知设计的新方法和新体验。后者看起来相对迟钝和落后，可能是在创新影响其利益或某种需求的前提下进行认知。这种行为不是主观的，也会导致后者的设计行为对扩散的影响很低。

（2）设计说服阶段

针对一项产品设计创新，说服用户是该产品能否迅速被用户接受的前提。设计的初衷不是强制和说服，而是用设计的情感来传达设计的人性关怀。在这一阶段，用户的主要思维形式是以情感为中心，此时用户面对创新的信息扩散渠道，会通过借鉴积极或消极的信息，从而降低决策结果的不确定性。

在这一阶段，用户的心理活动和情感表达占主导地位，用户会假设这一创新设计的变化所带来的各种不确定结果，并做好应对设计决策的心理准备。一般来说，这就像是一种源于心理上的对创新设计的态度。因此，设计行为都具有扩散因素正向与负向的区别。很多产品的设计能够激发正向健康的情感，从而更有利于口碑的宣传作用。例如，线上的商品评价和线下人群的采纳意愿可以起到极大的宣传促进作用。

（3）设计决策阶段

基于罗杰斯创新扩散的理念，个体或集体在面对一项新的产品设计时，所进行的接受或排斥的决策过程被定义为设计决策阶段。这一阶段涉及对产品创新设计方案的初步评估。鉴于产品设计创新的结果往往具有不确定性，用户通常会基于实验结果来评估是否采纳该产品。因此，设计决策阶段与产品设计创新的信息传播紧密相关，正面信息能够促进用户快速做出决策，而负面信息则可能阻碍创新的发展。设计说服与设计决策是相互补充的过程，有时经过说服后，产品设计创新可能直接被采纳，而无需经过决策阶段；有时则可能因为不满意的结果而导致产品设计创新的终止。

（4）设计实施阶段

将产品创新投入生产，并进行市场商业化，是设计的实施过程。实施阶段持续时间相对较长，最终可达到 S 曲线顶点。也就是说，产品设计创新最终会成为用户习惯现实或制度规律的形式。同步设计的实施阶段也意味着创新的结束；当产品被广泛采用时，其创新的本质特征就会丧失。同时，设计实施阶段也包括对产品设计方案的反馈过程。当方案实施过程中出现的一系列问题回到设计决策阶段重新评估时，未成功的产品设计创新在实施阶段也会分化，即继续或很快结束方案的改进。该过程具有相当复杂的体系关系，但我们在设计实施过程中发现，扩散机制的影响存在复杂的相互关系。扩散的渠道是对设计产品定位、价格等的呼应，在产品方面，同样的设计行为也会带来创新扩散效果的差异。这种差异体现在产品覆盖层、产品重复效率、产品价格等多方面因素，从而影响了创新扩散的作用程度和扩散机制。

（5）设计确认阶段

在这一阶段，我们对一项产品设计创新实施效果的全面评估。通常涉及对创新推动者的评价，即对设计者或制造商的评估。这一环节也是设计者和用户学习经验的过程。这个过程可能是短暂的，也可能持续较长时间。然而，无论在设计确认阶段做出何种评估，都与产品设计创新的实际流程无关，它仅仅是创新设计和决策体系中的一个评价环节。我们通常所说的品牌声誉正是在这一阶段形成的。

3.2.2 扩散速率对创新行为的激发

创新扩散走势之所以能够形成 S 形曲线，主要是由于扩散的基本途径——人际扩散。再加上观念领袖在采用某种创新后广泛传播，将这种创新设计传递给能够影响他能力的人，从而使单位时间内采用这种创新设计的人数激增。这就是社会模范在起作用。同一类型的人之间容易发生信息传递，频繁进行，但不像与异性交流那么显著。相反，前者也可能成为新产品扩散过程中的无形障碍。根据创新扩散理论，新观念一般是通过社会地位高的成员引入社会体系，但高度的相似性意味着这些精英交流的对象主要是他们社交圈内的一些个人，而不是向社会体系的垂直下方扩散。这种扩散模型延缓了创新观念的整体扩散速度。

长期研究发现，在一个社会体系内只有极少数人拥有可以在观念上调动他人的特质，而其他人则没有这种能力。这是系统中典型的观念领导力分布。观念领袖具备五个方面的特点：广泛的社会沟通、高度的社会参与性、一定的社会经济地位、创新精神、一个系统的某方面示范（朱旭峰、张友浪，2014）。根据罗杰斯提出的创新扩散理论，创新扩散途径可分为大众传媒和人际传播。人际传播发生在人与人相互认知、相互吸引的社交网络中，由于信息丰富、双向性强，在说服和沟通方面的效果优于其他传播渠道。与实物型产品相比，口碑传播式的说服对产品设计创新的采用效果更明显。由于创新产品的价值存在不确定性，用户只能在使用产品后评估此类产品的价值。川上（Kawakami）和帕里（Parry）建议，增强用户对产品的可靠性认同，可以提高新产品的采用意愿。

如果设计方案需要说服的目标层次较多，就要理性地展示、积极地沟通，尽量让所有关注者都能在一个决策时间段得出结果。我们需要保证设计作品的核心品质，一次一次进行设计评审，尽量避免每次都要修改，防止造成扩散率下降、扩散效果减弱和成本增加。若不能将更多成本投入设计，会造成设计力下降，形成恶性循环，反之亦然。因此，与客户之间保持良性的扩散互动和扩散速度，是一个资源整合的过程，异质化的扩散模式和效率是直接刺激下一个设计项目的动力，会影响下一个设计项目的效果（周文辉等，2019）。

3.2.3 功能性创新对扩散因素的影响

功能性创新着眼于功能的添加、平移和转换，其中跨境设计是非常重要的途径之一。目前，360无线网卡、移动电源、插座、吸尘器、加湿器、行李箱等众多行业的互联网企业正在跨境为电子产品制造业进行创新设计。这种电子产品市场被称为蚂蚁市场，原因是产品以电子产品零部件为主，产品种类繁多。蚂蚁市场的特点是创新动力不足，产品创新慢，缺乏行业标准，缺乏主动性的领先品牌，也往往是容易被大企业忽略的小领域。将科技与人文学科相融合，将科技成果转化为市场和消费者需要的产品，是有利于品牌长期发展的设计价值形态。企业需要正视行业、产品乃至社会长期存在的问题，将科技与设计相结合，使旧物焕然一新，重点解决产品体验上的长期痛点。蚂蚁市场的属性决定了其产品很容易被快速转换。例如，小米插线板增设了 USB 充电口，优化了内部制造结构，产品一上市，就可以颠覆长期没有较大创新的插座市场（图 3-5）。小米插线板累计销量超过千万个，许多制造商争相效仿其功能和外观，可以说是小米推动了整个插线板行业的革命。更重要的是，这种改变不仅涉及产品的功能，还涉及使用过程中的体验，以及消费者从前到后、从内到外看到所有细节后的真诚赞赏，是对新设计价值形态的接受（段嵘、陈佳君，2022）。

小米插线板（含 3 口 USB 2A 快充）　　　　　　　　已经淘汰的多用插线板

图 3-5　小米插线板与其他插线板对比
资料来源：《小米生态链视域下的设计价值形态研究》

根据 Davis 提出的技术接受模型（technology acceptance model，TAM），知觉的易用性和有用性是影响使用新技术行为意图的两个重要变量，也是体现产品功能性的两个重要因素。在以往的研究中，知觉有用性是使用者提高自身工作效率的主观认识。在创新产品采用情况下，产品的有用性是指比主流产品更便宜、更方便、更高效的功能和服务，有助于用户的工作和生活，为用户节省时间和金钱，进而吸引用户，最终拓展功能性创新产品的功能性属性特征，使不同地点的用户能够快速获取和使用产品，大大降低了用户采用的时间成本和金钱成本。此外，产品功能丰富，可以跨越行业边界，为用户带来多样的价值体验。因此，产品有用性越高，产品功能性价格比越高，比主流产品更有优势，可以促进用户的采纳意愿（王丽，

2020）。

知觉的易用性是使用者感知产品使用功能的容易性的反映。用户在采用创新产品时所需的努力程度，往往直接影响到用户的采纳意愿。产品功能的易用性是指提供比主流产品操作更简单并且更易于理解、学习和使用的功能与服务，从而减少用户使用产品所需的努力。

如果用户觉得创新产品过于复杂，难以学习和使用，用户就可能不愿意采用或使用该产品。互联网信息类颠覆性创新产品本身的技术包含着电子产品固有的特点，因此，随着电子硬件的更新，产品的造型和形式功能也在迅速变化。这一更新不仅在于审美，也在于更高的功能性和更好的体验性（唐华林等，2016）。从最原始的砖头手机到更小型化的折叠手机，紧接着占据主流的彩屏手机、日式旋转手机，到目前为止不断进步的智能、大屏幕手机，还有很多令人眼花缭乱的功能，如 5G 通信、GPS 定位、Wi-Fi 网络、视频音乐、游戏、网络电视等，手机简直成了个人信息媒体中心。但回顾这些产品的功能应用，电话和短信依然是手机最常用的功能，变化的是更好的性能、更个性化前卫的造型、更新颖热潮的使用体验。从设计学的角度看，这种体验是多元化的，在心理、情感、社会、环境、经济等社会系统的各个方面，以及个人修养、文化品位、观念认同等相关方面都能找到一种主体的满足。一般来说，消费电子产品设计的目标实际上就是设计体验。特别是个人电子产品，每年手机厂商都会在发布会上利用一部分时间和精力详细介绍手机性能的提升和体验功能的拓展。

3.2.4 案例分析——苹果产品扩散设计思维

电子产品固有的特点是，随着电子硬件的更新换代，产品的造型与形式功能发生快速变化。这种更新不仅是审美上的，更多在于更高的性能和更新的体验上（顾华玉，2018）。

在追求新体验的同时，用户的消费行为也发生了根本性的变化，由原来偏重理性的实用、经济角度逐步转变为偏重感性消费的个性主义（刘洁，2009）。人们在消费电子产品的选择上更注重个人审美偏好和产品极致化带来的自我心理满足。由此可知，个人电子产品的特征出现了分化，从过去提供单纯功能和性能的用途，分化为表现用户个人的文化素养、审美品位、终极追求和使用体验的用途。个性产品成为地位、品位、经济、时尚、教养等个人特征的代表。苹果公司的产品是电子产品追求个性化的代表。

创新扩散理论随着移动互联网的普及发挥了新的活力，移动互联网产品已经成为人们的生活必需品。这些产品有自己的特点，在产品属性、扩散特征、创新迭代周期等方面与传统产品有所区别。所以，将研究细化到行业层面，并考虑行业特征差异，对创新扩散理论的分析更具现实意义：从理论意义上，可改进现有的创新扩散模式；从实践意义上，可帮助互联网产品开发商和运营者更深入地了解产品的扩散特征和规律，为产品运营决策提供依据。

互联网产品在创新扩散过程中所遇种种问题，与传统扩散假设的条件有明显差异。产品性能的变化和迭代将挖掘新市场，扩展新用户，从而带来最大市场潜力的变化。美国著名学者埃弗雷特·罗杰斯在 1962 年提出了创新扩散理论，并通过长达 20 年的实验论证，勾勒出著名的 S 形采纳曲线，提出了创新采纳率的定义，分析了影响创新采纳率的几个变量。创新采纳率是指社会成员采纳某项创新的相对速度，其衡量标准通常是在特定时期有多少人采纳了某项创新方案。影响创新采纳率的创新可视特征包括：①技术创新性；②平台开放性和封闭性；③跨境颠覆性。

苹果公司推出的 iPhone 系列手机就是具有互联网思维的创新扩散设计产品的代表。2007 年苹果第一代智能手机问世，iPhone 以其独特的外观吸引了广大消费者，而触屏的设计真正促进了智能手机行业的发展，也掀起了手机行业的大洗牌，诺基亚、摩托罗拉两大手机行业巨头随着决策的失误相继宣告失败。苹果通过与中国联通联手进入中国市场，一开始便吸引了广大中国用户，使得苹果的用户数量持续上涨。同时，安卓系统的发展又使得手机市场时刻处于相互竞争的态势，不断推动移动互联网的发展。如今，人手一部智能手机已经成为一种习惯。其产品特点是注重技术创新，把握企业核心竞争力，从而占据最高的利润。因此，我们对 13 代手机产品的升级进行分析，进一步提炼了苹果手机的扩散特征，具体如下：

（1）由于苹果手机的技术创新性，其依赖互联网，扩散不受时间和空间的限制。与传统手机相比，苹果手机在市场和技术的驱动下，扩散速度更快，能够在短时间内实现大规模扩散，冲击了其他手机品牌。

（2）由于苹果手机平台的开放性和封闭性，苹果手机产品的价值不仅来源于产品自身的价值，还来源于平台带来的价值增量。一个产品率先进入市场，积累了一定数量的用户，另一个类似产品进入市场后，现有产品的平台封闭性会增加用户的转移成本，进入市场较晚的产品很难积累用户。而同时，苹果系统中苹果的所有电子产品都是开放式互动的，从而发展得越来越快。因此，平台的开放性和封闭性是影响苹果手机产品扩散的不可忽视的重要因素之一。

（3）苹果手机产品的跨界颠覆性使得手机产品的扩散跨越了功能边界，通过移动办公应用的普及，呈现出"办公娱乐兼容"的特点，可以为快速行动者或快速追随者带来竞争优势。先行企业可能占据新的细分市场，其地位来源于技术领导力，第一批进入者可以获得追随者可能无法匹配的资源控制，结果是，苹果公司获得丰厚的利润率和垄断地位的报酬。加速成长性是颠覆性创新取得成功的重要特性。因此，扩散速度对苹果手机扩散的成功至关重要（唐华林、张晨秋、杜柏杨、陈怡君和董则宇，2016）。

综合以上分析，苹果手机产品的扩散由于产品特性、平台的开放和封闭作用，以及跨境颠覆性而受到显著的影响。不同于互联网信息产品的运维，创新产品基于主流市场的偏好改进性能，已经有了一定的用户基础。苹果手机的扩散最初没有用户基础，通过吸引新市场用户实现了扩散（顾华玉，2018）。从市场效应来看，苹果手机创新的扩散速度越快，扩散规模（采用人数）越大，对相关传统产品的颠覆性越强。在创新扩散的过程中，苹果公司汇聚人才、技术、资金三大优势，通过互联网作为扩散媒介，实现 2007 年至 2022 年手机产品创新扩散和营销每年的高增长。因此，苹果手机的扩散研究不仅要深入探究宏观层面的扩散规模，还要深入探究扩散的一般规律，进而发现大幅提高扩散速度的方法。

苹果公司的创新扩散架构体现了创新扩散中的多阶段扩散模式。多阶段扩散模式是 Dodson 和 Muller 提出的三阶段扩散模式（图 3-6），即在广告和口碑的影响下，不知名的社会系统成员先成为潜在的采用者，然后成为现存的采用者。在产品创新的背景下，采纳

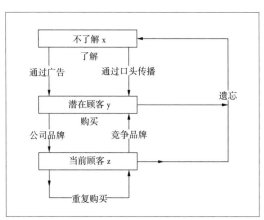

図 3-6 多阶段创新扩散过程模型的流程图
资料来源: Dodson & Muller

人数持续增长,可能包括首次购买者和重复购买者。由于大多数市场产品的创新是可以反复购买的,这些创新的卖家热衷于预测采纳人数的持续增长,这是由于重复购买者的数量多于最初购买者的数量。考虑到重复购买者在初期(采用)阶段的满足感,毫无疑问,他们倾向于成为非常重要的用户。因此,创新成功的产品总是会带来持续的重复购买。简言之,对于不可能再购买的产品(例如许多耐用消费品),扩散模型的目的是描述第一次购买的扩散曲线;但是,对于可再购买的产品(包装商品等),其目的在于将再购买的扩散曲线模型化。

通过该模型,从苹果手机创新扩散的实践案例中,可演绎出创新扩散对互联网时代工业产品设计范式的新型范式参照:一是从微观上可以观察工业设计产品的扩散路径,从而提高扩散效率;二是从宏观上可以预测工业设计产品的扩散。由此,苹果手机工业产品的设计方法得到如下引导:

(1)产品特性的树立与扩散

在产品同质化竞争激烈的情况下,其核心价值的构建与提升势必要区别于其他同类品牌。而在不断探索与构建过程中，通过技术美学实现产品视觉造型与科技功能的差异化表现，从而附加了产品的核心价值，这在技术美学上对于其他品牌同类产品有引领作用。尽管苹果产品在价格上始终高出同类竞争者，但消费者对于这种设计能够改变自己生活方式的购买行为乐此不疲。苹果并没有将所谓的性价比进行到底，取而代之的是将技术美学所带来的差异性设计发挥到极致（段韬，2019）。由此可见，设计差异化是信息时代语境下品牌核心价值的本质需求。反过来看，设计差异化也积极推动了品牌核心价值的提升。品牌核心价值提升的诱因主要包括产品设计和技术美学等相关因素，这两者是密切相关但不同的两个概念范畴，相互依存并相互影响。产品设计引导了技术美学的发展，同样，技术美学也促进了产品设计独特审美体系的形成，对现代产品设计的发展起到了非常重要的作用。产品的设计、制造、服务在满足消费者功能需求的同时塑造了品牌，而品牌自身核心价值的获得，无法摆脱技术与设计的和谐发展。对于设计来说，品牌核心价值的体现和提升是一个循环的过程（图3-7）。

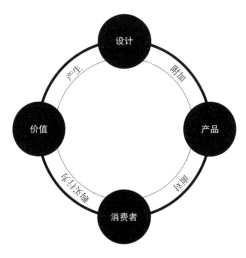

图3-7　品牌核心价值的体现和提升
资料来源：《设计差异化对品牌核心价值的体现》

显然，设计差异化促使产品、价格、服务、生态差异的形成，从而体现品牌价值差异化。苹果公司的案例表明，一个品牌可以通过设计差异化来达到人机关系的和谐，由此引领的设计潮流会引起其他同价品牌从形式到功能的追随，也会在众多品牌中脱颖而出。事实证明，这将大大提升品牌产品的核心价值。设计的最终目的是改变人们的生活方式，使消费者通过消费体验感受到其他品牌无法提供的服务体验和品牌感觉，从而在消费端塑造品牌的核心价值，进而形成"设计—产品—消费—价值"的良性循环过程，更好地促进品牌长期有效的发展（马赈辕、许甲子，2021）。

　　苹果公司一直对外强调价值观，通过与软件开发商、用户合作，或多或少改变了这个世界。"我确信人们可以让这个世界变得更美好。只有那些疯狂到以为自己能改变世界的人，才能真正改变世界。"这是苹果始终坚持的价值观，即无论有无产品，都能获得良好声誉，苹果是通过创新力始终引领世界潮流。苹果将这种文化价值观与产品相结合，其产品特性体现了共享、便捷、高效的特点，有利于品牌的构建和产品的扩散。

　　（2）资源的分享与交换

　　传统实物型产品的价值在于产品本身，消费者在购买产品后对该产品有占有权，其他用户不能购买或使用它。而苹果公司生产的互联网信息产品依赖互联网，同一时间大量用户可以采用和使用，具有足够的共享性。例如，人们可以通过同一账户实现不同苹果设备的同时连接，可以同时进行设备间的快速传输，以及账户购买信息的共享和交换。由于共享性，它的扩散不受时间和空间的限制。依靠互联网，不同地点的用户可以在同一时间采用和使用互联网信息。与传统实物型产品相比，互联网创新产品在市场和技术的驱动下，扩散速度快，能在短时间内实现大规模扩散，影响相关主流产品（白肖肖，2018）。随着感性消费时代的到来，市场营销策略和大众消费观念正在发生变化。在现代社会消费中，大众的消费视角不再是仅关注商品的使用价值，更是附着在商品形象和外观上的那部分价值。电视广告作为消费社会的重要传播途径，欲在感性时代的冲击下迎合消费者的心理要求，必须提出相应的新理论。苹果产品系列广告创建了独特的美感形式，满足了消费者的心理需求。这也是当今企业满足这一感性时代个性男女追求的一大目标。

（3）利益共同体的搭建

罗杰斯提出了技术捆绑的概念。技术捆绑是指包括一个独立或多个互连的突出特征的技术结合。在进行创新扩散时，可以采取"创新组合"，即"包装创新"的方法。在这方面，最典型的是"iPod+iTunes"模式。传统产品没有集成智能模块，没有与环境交互。而中级产品中嵌入传感器，基本可以实现相互作用。更高级的产品则嵌入处理数据模块，使产品具有高度的适应能力。最高级产品内置无线射频识别等耦合模块，产品具有信息识别和交互能力。可见，产品的各级能力均基于前一级能力而发展。随着智能互联产品的普及，一些学者开始研究智能互联产品对企业发展的影响。苹果智能互联产品是一种由 IT 驱动的价值共创的商业战略，可以持续满足用户的需求。苹果企业通过提供一系列互联产品和服务，形成统一的利益共同体，可以提高产品系统的整体表现，改善创新的扩散渠道，企业的竞争基础也从单一产品的功能转变为产品系统的性能。对于智能互联产品来说，数据的平台建设是决定性的资源和效益，是创造价值和保持竞争优势的基础。苹果公司近年来致力于云计算、边缘计算等智能计算能力的发展，用以分析和处理数据，进而为用户和厂商决策提供依据，并通过融合和共享数据推动创新扩散指数级增长，实现企业贯穿全供应链、全联盟利益共同体的构建和管理。

（4）造型与广告的差异化

从技术美学的发展方面看，形式造型始终伴随着技术、功能等因素的不断演进，极大地推动了商品传统形式的突破，从而形成了设计上的差异。20 世纪初，由于缺乏品牌竞争和设计差异，产品只满足人们在功能上的需要，外观造型和审美倾向于同质化和一致性。

在品牌类型特征、价格相似的情况下，后现代主义倡导的"人的个性需求"，突破了通常的统一性。这符合人们对日常生活的审美标准，成为时代的旋律。苹果公司在产品造型设计上一贯走在同类产品的前列。就 iPhone 手机而言，在造型设计上始终遵循国际主义"少即多"的设计标准，彻底颠覆了传统手机的造型审美标准。与其他类型手机产品的造型相比，苹果采用了直板触摸屏造型，去除物理按键，结合强大的科技功能打造 iPhone 的神奇。极简的外形与创新的技术相结合，受到市场的推崇，成为现代手机发展的潮流。如图 3-8 所示：

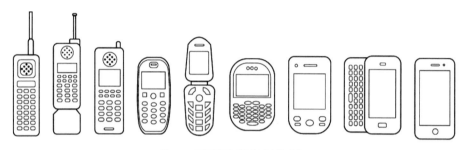

图 3-8　不同类型手机造型上的进化
资料来源：设计差异化对品牌核心价值的体现

在广告差异化方面，以 iPhone 7 的电视广告《罗密欧和朱丽叶》(*Romeo and Juliet*) 为例。这部电视广告宣传片主要以戏剧的方式呈现给消费者，通过画面与语音的同步，向消费者传递手机拍照功能强大的信息。由于认知度的差异，不同消费者对事物的信息接受范围是不同的。认知度高的人，理解力强，信息接受范围较广，相反，认知度低的人对事物的理解力差，信息接受范围则相对较窄。因此，广告设计者以让消费者更容易理解产品为目的，用通俗易懂但不太直白的语言直接说出来，否则，广告将失去审美品质，引起消费者厌恶，影响购买。这部电视广告片融合了莎士比亚戏剧《罗密欧与朱丽叶》的故事，所采用的情节基本被大众所接受，不失对广告文化修养的表现，可以帮助消费者"知觉"。这种文艺表现能带给消费者一种新的感觉，从而提高购买欲望。

（5）重购意愿的产生

罗杰斯提出了扩散的两种途径：大众传播和人际传播。苹果公司以苹果手机为扩散源，以 iPad、iWatch 等数字产品为扩散株，以忠诚"果粉"为扩散宿主，同时"果粉"也作为口碑传播者，对产品的评价形成了口碑效应，在个人收听性和采纳意愿之间具有部分中介作用。

毫无疑问，苹果品牌的用户是所有品牌用户中最忠诚的群体。从新名词"果粉"可见，这种口碑营销模式的力量很强，在这种模式下，信息传播就像病毒一样迅速和广泛。此外，这种社会评价往往比商家自己的描述更真实有效，更多的消费者受这些信息的影响，最终形成自己的判断。个体对寻求和使用新产品本身并不感兴趣，但在采用新产品之前往往会听取采纳者的意见，容易受到口碑效应的影响，间接提高了苹果产品的采纳意愿。以往，关于产品采用的文献对个体合规性的研究较少，更多地研究探讨了创新个体和观念领袖的作用。然而，无论是领导个人还是普通用户，有了苹果产品的使用体验后几乎都有重新购买的意愿，而这种良好的口碑效应作为人际传播最直接的方式，对用户的采纳意愿有着复杂的作用机制，在产品易用性与采纳意愿、个人合规性与采纳意愿之间有部分中介作用（王丽，2020）。

3.3 创新扩散改变传统设计观

3.3.1 创新观念的快速接纳

东西方文化和观念的差异对设计创新有重要影响，一个设计在西方人看来是创新的，是完全被接受的，但在东方社会或不同信仰和文化孕育的社会中则有完全不同的认知，这是观念在创新扩散过程中发挥的作用。

一个社会系统由一系列相互联系的个人或团体组成。他们面对共同的问题，有共同的目标，发展出相似的文化观念。社会体系的存在是自由分散的，可以是一个家庭或一个公司，还可以是一个国家。创新扩散的过程必然发生在社会体系中，社会观念限定了创新扩散的范围，体系的内部结构对扩散过程也有重要影响。社会系统中社会结构的产生是由于社会系统中各单位行为方式的不同。这可以看作使系统中个体的行为具有规律性和稳定性，能够提高预测系统的行为精度的规则配置。例如，在军队和足球队这样的等级制社会结构中，上级有权向他们的下级发出命令、要求执行。将观念领袖称为创新者，可能会被社会体系成员视为异常，怀疑其可靠性。系统中更可靠的是能够为系统成员提供信息和建议的观念领袖。这种观念领导力并非都是通过社会地位获得的，只要个人具有技术上的可靠性和道德认同感，就具备了观念领导力的特质（付庆华、杨颜萌，2022）。

创新的结果是个人（或团体）采用或拒绝创新后发生的变化。这一变化包括创新是否真正发挥了作用，创新的作用是直接的还是间接的，创新的结果能否预见等几种情况。创新的结果在某种意义上不是创新扩散过程的一部分，在创新决策后就完成了它的使命，创新带来的结果主要作为评价的依据和经验的借鉴。因此，价值观的变化会引起对创新结果的态度不同。保持开放的思想观念和设计观念，有利于接受采用新技术和新材料的设计产品，从而改变原来的生活形式。

3.3.2 共享数据的跨界传播

从产品设计角度来看跨境数据共享传播，可以分为三个阶段：一是在产品定义阶段，对用户的调研是通过互联网平台收集用户的需求数据；二是产品测试阶段，通过互联网平台收集用户的使用数据；三是通过互联网平台收集用户的体验数据和传播数据。

　　数据可能是 21 世纪最重要的信息来源，现在很多企业都在建立自主的大数据库，可以说现在的整个市场都是一个巨大的数据中心。企业在沟通和互动之间进行数据共享传播，数据量的增加导致了基于高效计算机分析方法的方式出现，例如智能数据的分析，包括统计学、模式识别、机器学习，是一种利用数据抽象等分析工具从数据中发现知识的分析方法。

　　这种跨境数据共享传播在当前生活中所起的作用不容小觑。例如，在一般的网上购物、大数据和人工智能环境下，后台系统能够智能分析用户最近的关注记录并推荐商品，或者根据个人喜好、品种、风格为用户组合大数据，根据用户最近的购物情况记录并生成分类账单等。因此，以大数据为前提扩大个人需求，选择性也会变得充分。实现购物平台、社交平台、搜索平台、家电平台等跨境数据共享，集成所有领域的信息并为用户提供便利，这需要从各个领域不断吸收数据。现在的生活已经离不开对数据的分析，大数据不仅在生活中提供了便利，也为各行各业领域的直接互动提供了平台。

　　大数据的分析方法也是由不同算法构建的，比如模糊采集是对总体信息进行片段的筛选，根据一些重要信息进行匹配。准确采集应该得出整体价值的信息，根据整体信息准确地收集筛选出的内容匹配的信息。一方面，我们有用人工智能补充并收集提示信息的智能收集。另一方面，根据需求信息的不同，可能需要将几种方法结合起来才能准确采用。毫无疑问，使用多种方法一定会更加精确地适应不同条件下的信息处理方法。

3.3.3 设计管理观念的模式构建

　　在互联网背景下，商业运作模式发生了翻天覆地的变革，其扩散率也随之发生了巨大的变化，从政府、企业、商业平台到个人，形成了一系列的商业扩散机制。从 20 世纪国有企业、中央企业控制主要产业链，到改革开放个体经营者出现，直至如今"大众创业、万众创新"为热闹的商业活动提供政策保障，许多商业生存不再依靠政府支持，以往存在的运行效率低、服务缺乏专业性等问题，即使内部因素没有可持续发展的能力，也得到了快速解决。扩散资源是企业投入利用无形和有形扩散资源的总和，是企业创建和成长的基础，比如销售渠道、宣传渠道等。经营者在创业过程中常常面临"扩散约束"的困境，只利用自己有限的资源很难获得竞争优势。在商业运作过程中，经营者通过资源的集聚和资源的编制为创业的成功提供了有力的保障。经营者在初期往往选择通过资源拼凑来提高组织绩效，利用资源创造价值。下一个设计周期的过程在相对丰富的资源方案下进行排序过滤和配置，并激发下一个设计活动的开始。互联网平台可以为创业者提供直接或间接的扩散机制，为创业者获取丰富资源提供畅通渠道。

互联网产品设计具有明显不同于传统制造业发展模式的创新性，设计创新从源头上带动和整合创新链。创新与合作是互联网产品运作的两个关键词，合作是创新的基础。强调在复杂产品生态系统中高效协同创新，系统高效的管理是非常必要的，这才是设计管理的本职工作。设计管理狭义的定义是，企业为实现目标对项目级、组织级、战略级的设计资源和设计活动进行规划、组织、执行和评价的全部管理活动。互联网产品的设计管理架构在项目层对应生态链产品，在组织层对应公司与生态链企业交织而成的生态系统，在战略层对应上游企业与生态链企业共赢的协同创新发展战略。在产品生态链中，设计管理的运用领域从单一企业突破为企业协同发展生态系统，有利于企业间优势资源的整合利用和协同发展，使设计战略更有效地实施，为产品生态链的设计创新提供了稳定的保障（付庆华、杨颜萌，2022）。

工业设计部门负责人要实现核心管理者从公司向生态链的并进，使设计思维深入产品生态链管理群，为顺利复制产品设计的成功模式及其良好的扩散效果发挥重要作用。在产品生态链中，高层管理者应善于理解设计，具备良好的设计思维，能运用设计手段促进市场管理方面的创新，形成一致的企业创新管理认知能力。管理认知能力是指具有特定信仰和心理模式的管理者根据决策需要处理特定信息的能力。在产品开发和管理过程中，管理认知能力是影响企业战略变革和适应动态环境的重要因素。在产品生态链中，以设计师和创业者为主要成员的管理团队，自然形成了以设计管理为核心的企业管理机制。它给以产品为合作纽带的生态链系统奠定了良好的发展背景，注重设计创新，追求极致的用户体验，注重设计的细节，集中资源支持设计研发，为新产品研发的质量和效率奠定基础（段嵘、陈佳君，2022）。

3.3.4 案例分析——滴滴出行服务设计的扩散

出租车行业新业态的出现，不仅是技术发展的推动结果，也是城市客运市场发展的必然要求（荣朝和、王学成，2016）。在分析城市交通发展阶段时发现，城市化进程伴随着快速增长的客运和货运需求。大量现代运输工具进入市内交通，经过十多年，我国城市公共交通迅速发展，公交、快速公交系统（bus rapid transit，BRT）、城市轨道体系日趋完善。但为个性化出行提供服务的出租车行业发展缓慢，总体规模和运行模式一直保持不变，运营车辆数量不足、司机拒载等问题仍在继续。"滴滴出行"的出现给出租车市场的服务模式带来了巨大的变化与革新，即从过去以司机为主导的叫车服务，改为用户主导的出行需求的满足，而汽车则是服务载体。滴滴出行的创新扩散也有力地推动了出行服务体验的改变。

（1）体验升级是滴滴出行服务设计扩散的理念源泉

在互联网出行工具没有出现之前，人们出行的出租车用车方式是较为单一的，主要是通过路边拦车的方式。这就出现了许多痛点问题，例如用户无法准确知道出租车的位置、司机的服务质量、汽车的细节等，更没有办法定制符合需求的出租车类型和服务。而滴滴出行通过应用程序让用户的出行服务有了互动的体验。在出行之前不仅可以预定出行服务，还可以根据司机的评价等级预估司机的服务质量，通过汽车的实时定位了解汽车所处的位置，甚至可以选择出行服务类型以更好地满足自己的需求，享受相应的服务体验。另外，乘客对以往出行方式的评价是独立和封闭的，而滴滴出行服务采用开放的服务评价体系，在线叫车司机和乘客的互动程度更高。在线叫车乘客的评价可以促进在线叫车司机改进不足，也可以成为在线叫车平台实施奖惩和其他乘客选择交通服务的重要依据。相较于传统出租行业，滴滴出行通过线上和线下的结合在体验方面进行了升级和革新。滴滴出行带来的理念改变使出行服务体验更加便利和美好。

（2）技术进步是滴滴出行服务设计扩散的基础

滴滴移动的创新传播，始于突破性技术。滴滴出行核心技术包括移动客户、在线支付、实时交通信息、路线优化、需求预测和智能匹配。其中，在线支付、在线订车查询和匹配等技术在早期发展阶段并未显示出乘用车的优势。智能终端的迅速普及扩大了消费者的接触范围，微信等社交应用程序的传播极大地推动了在线预约用车的发展。在线订车改变了传统的单元运营模式，形成了一种新的在线 C2C 或 B2C 订车模式，成功地破坏了出租车市场。技术发展是一个持续的过程，市场破坏也是一个持续的过程。在线驾驶和驾驶技术生命周期的S 形曲线包括四个阶段：婴儿、成长、成熟和衰退（图 3-9）。技术创新提供了"改善服务或做不同事情的机会"，领先的巡航服务技术仍处于吸引人的阶段。在线汽车服务是一种由行车技术主导的行业规模和操作模式。在提供汽车预订服务方面，数据中心的使用和汽车预订平台的创建使得在线汽车数量在理论上无限增长，完全打破了控制乘用车数量的传统政策。数字 ICT 商业模式已经破坏了出租车行业的传统商业模式，通过网络成功开发 C2C 汽车订购市场。人们以前从未等待或预订过路边汽车，如今可以通过智能手机客户端预订汽车。在数据处理技术的帮助下，网约车服务提供的服务时间范围将更加确定，并且在线叫车到约定地点提供服务所需的预估时间将实时显示给乘客。然而，搜索和匹配所花费的时间是随机的。收费方面：乘客上车确认出发后，滴滴出租车开始收费；位置获取方面：网约车采用了精确定位技术。计费起点以车辆到达指定地点为准。当车辆到达指定地点时，网约车开始计费，并实时显示给乘客，这可以有效地促使乘客守时。在使用网约车服务时，网约车司机和乘客之间构建了服务的平台，双方对出行过程中的信息有更充分的了解，实时预约车更方便，服务费用更低，在线支付也更方便。这些乘用方式的技术、调度体系的权衡都引入了服务设计的思维，从而让技术更好、更快地完成服务的价值和过程。

（3）成就关怀是滴滴出行服务设计扩散的表现

出行服务有效组织人、资源、信息，将这些因素整合在一起，进而实现提升用户出行质

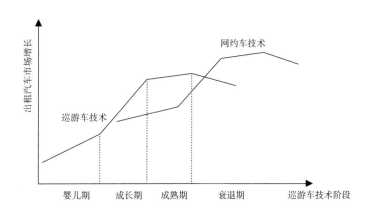

图 3-9 网约车与巡游车的技术 S 形曲线
资料来源:《网约车颠覆性创新的理论与实证:以滴滴出行为例》

量的目标。而这其实围绕着三类人展开,分别是司机、乘客、滴滴公司团队。根据调研结果得知,随着地图和价格的透明化,司机和乘客的矛盾不仅集中在费用的争执方面,还有司机和乘客的体验感受差异带来的争吵。司机也想从出行服务的工作过程中获取成就感,他们不希望被别人只称作"开车的",而是获得别人的尊重。为此滴滴出行还负责对司机进行培训,甚至以国际酒店服务标准去要求,但在实践过程中发现,出行过程中司机对乘客有太多的提醒反而会影响乘客的乘坐体验,会觉得被打扰。因此,有很多特殊的情境和细节需要司机根据现实情况进行合理提醒,其中并没有呆板的标准。通过乘客的反馈,司机偶尔的提醒会增强乘客的感知。通过不断的实践,滴滴出行认识到,司机与乘客之间的尊重是成就和关怀的关键:司机期待被尊重、被肯定,需要的是成就感;而乘客期待陌生人的友善提醒,在意狭小环境中的安全感,需要的是被关怀感。滴滴公司团队常常被夹在司机和乘客争吵之间,原因往往是一些出行过程中的小细节。因此,在安全方面,滴滴公司团队在设计出行服务反馈时,采用发送并收到订单,以及公开价格、里程和其他信息的方式,增加乘客和在线出租车司机之间的相互信任。与仅提供客运服务相比，滴滴出行平台还提供除载客之外的服务，如情人节送花等，并通过心理培训、沟通分享、应用程序界面及语言设计、同理心换位思考等方式化解出现的矛盾，增强司机的成就感和乘客的被关怀感。

（4）品牌营销是滴滴出行服务设计扩散的途径

"一点，马上出发"，融入了越来越多用户的生活。许多人说，滴滴成功的关键是有资金支持，然而，放眼如何有效地将资金转化为市场时，你会惊讶地发现，滴滴成功的关键是不断创新。从营销的角度看，滴滴出行的创新营销策略包括创新红包玩法、创新广告手法、创新推广策略和创新竞争策略四个方面。

A. 创新红包玩法，培育用户习惯

起初，滴滴直接将 10 元补贴以现金形式存入用户账户，以抵消车费。但后来，随着快速补贴战争的升级，滴滴决定改变策略，随机补贴 10 元至 20 元不等的金额。这不仅避免了恶性竞争，而且有效地反击了竞争对手，使他们无法跟进。为了培养用户的消费习惯，滴滴出行每次推出新业务时都会加强对"幸运钱"的支持。例如，"橙色日"活动将在"特快列车"开始时及时启动，"第一便士活动"将在顺风车业务开始时启动。红包对专车业务和驾驶代理业务的支持，一开始就足以吸引用户。不得不说，滴滴出行为市场培育和用户消费习惯的培养付出了巨大的代价。据统计，在用户通过微信支付打车费的一周内，滴滴补贴已达到数亿元。

B. 创新广告手法，引发扩散传播

随着社会形态和消费模式的变革，广告的内涵正在发生进一步的变化，不再是传统意义上的广告，而是对那些人们已经深藏在内心、口头上表达或生活细节所反映需要的回应。因此，与新消费模式相对应的广告创意也在发生变化。"互动"与"体验"成为广告创意的核心，对消费者"痛点"与"痒点"的精准把握是广告创意的关键（刘洁，2009）。

滴滴在启动顺风车事业时，开展了"一分钱拯救地铁汪"的广告活动。广告以漫画的形式描写了大城市上班族坐地铁拥挤的窘境，简洁的文案直击消费者的心灵，通过让消费者参加测试领取补贴治愈金的形式与消费者互动，成功地让广大用户参与到产品体验中，打了一张漂亮的感情牌。

C. 创新推广策略，多元沟通链接

在移动互联网时代，品牌与消费者的沟通链接越来越追求多元化和碎片化，追求整合营销传播，品牌在与消费者的多元沟通传播中成为消费者生活的一部分。当出行O2O（Online to Offline，线上服务与线下出行相结合）对于大部分用户而言还是一个新鲜事物时，滴滴出行要真正走进消费者的生活，成为消费者的自觉行为，除红包策略和创新广告手法之外，还需要多角度、全方位地与消费者建立链接。例如2014年，滴滴专车和电影《一步之遥》绑定，登陆全国各大院线。那句"如果梦想总有一步之遥，至少车上睡个好觉。全力以赴的你，今天做好一点"的广告语，触动了用户对当下生活方式的反思，引起了广泛的情感共鸣。2015年，滴滴携手昆仑山，秉承"升级用户生活品质"的共同目标，在2015年青藏高原昆仑雪山"挑战6000"自驾寻源之旅项目中开展深度合作。这次合作向滴滴用户传达：滴滴打车致力于完善用户的出行体验，努力探索未知的提升空间，积极开展多个跨界合作案例，持续扩大扩散规模和受众人群。

D. 创新竞争策略

滴滴出行在激烈的市场竞争中，采取了一系列创新的竞争策略来保持其市场领先地位。这些策略包括：

差异化服务：滴滴通过提供不同类型的服务，如快车、专车、顺风车等，满足不同用户群体的需求，以此来区分自己与竞争对手的服务；

技术驱动：滴滴利用大数据和人工智能技术优化其调度系统，提高车辆分配效率、提升乘客体验，同时通过技术手段提高安全性和服务质量；

合作伙伴关系：滴滴与汽车制造商、科技公司等建立合作伙伴关系，共同开发新的出行解决方案，如自动驾驶汽车和智能交通系统；

市场扩展：滴滴不仅在国内市场扩展，还积极拓展国际市场，通过与当地合作伙伴合作，将服务带到更多的国家和地区；

政策适应与合规：面对不同国家和地区的监管政策，滴滴灵活调整业务模式，确保合规经营，同时积极参与政策讨论，推动行业健康发展；

品牌建设：滴滴通过各种营销活动和社会责任项目，加强品牌建设，提升品牌形象，提高用户忠诚度；

用户反馈与改进：滴滴重视用户反馈，通过用户反馈不断改进服务，提高用户满意度，形成良好的口碑效应。

这些创新竞争策略帮助滴滴出行在激烈的市场竞争中保持领先地位，并不断巩固其市场领导者的地位。通过这些策略，滴滴出行能够更好地适应市场变化，满足用户需求，并推动行业的创新和发展。

（5）业态扩散是滴滴出行服务设计扩散的结果

网约车的问世，成就了出租车行业"运输资源集聚平台新业态"（陆成云，2012）。网约车平台集成了交易达成、费用支付、实时位置查询和服务评价等多种功能，扩大了消费者群体范围，开拓了出租车市场。综合来看，出租车行业的新业态有以下三个特点：第一，网络订车提高了订车效率。创新扩散的核心是商业模式的创新，技术简单、易用，避开主流市场，从低端市场或新市场入手，将其作为颠覆的起点，通过商业模式的创新获得消费者的认同。网约车采用了基于 ICT（information and communication technology，信息与通信技术）技术的商业模式，改变了乘客与巡游车之间必须同时在某地相遇的时空限制。通过手机客户端，乘客和网约车可以在不同的空间达成订车意向。第二，网约车促进了消费公开化。在完整的运输过程中，乘客消费状况公开化、透明化和标准化，网络订车客户端将保险、乘客义务和权利等，通过协商的形式给予乘客充分的知情权。这种网络订车的创新扩散，实现了出租车行业的革命。第三，滴滴出行使现有市场具备创新扩散能力。庞大数量的网约车避开特许经营壁垒进入出租车市场，进一步挤压了巡游车的空间，引起各地巡游车公司和司机的激烈抵制。

网络预约车对出租车市场的变革，主要表现在市场的进一步细分上。首先，网约车重塑了低端出租车市场。这使早期低性能技术受益匪浅，同时低端消费者建立了新的价值网络，最终完全或部分替代主流市场。例如以滴滴为代表的 C2C 网约车平台品种齐全，以低端市场为突破口，引进私家车进入出租车市场，大大降低了乘客出行成本，占据了较大的市场份额。其次，网约车创造了"专车"新市场（Govindarajan & Kopalle，2006）。目前的颠覆性创新不一定集中在低端、低利润的红海，也可能在高成本、高利润的蓝海。以神州专车为代表的 B2C（Business to Consumer，企业对消费者的电子商务模式）网约车平台，提供高价位、高质量的"专车"服务，2015 年第四季度神州专车活跃用户次月留存率达 68.3%，稳居同类产品首位。再次，网约车发展"拼车"市场。以往私家车"拼车"、巡游车"拼车"等形式规模较小，不足以形成单独市场。但滴滴"顺风车""拼车"产品的推出，针对固定线路通勤的上班族交通不便的现状，提供了廉价的"拼车"方案，并推出了跨城市的"顺风车"产品，极大地发展了"拼车"市场（张爱萍、林晓言、陈小君，2017）。

因此，从滴滴出行案例分析中可以看出，滴滴出行作为服务设计中的具体案例，给以新技术为基础的网络应用程序产品创新设计带来了出行应用扩散，从而改变了传统出行方式，进而影响了人们的生活方式。滴滴出行背后大数据的共享和传播，能够准确反映人们的功能需求、城市活力等客观数据。这不仅是滴滴作为服务提供方提升服务体验的基础，也为下一步的设计创新奠定了基础。当然，数据的安全性和隐私性也是此类应用程序面临的难题。

第四章 基于创新扩散的产品设计优化路径

4.1 产品设计的需求分析

4.1.1 产品消费对创新需求的刺激作用

设计的目的是解决人们的实际需求，产品在设计之前需要通过多种渠道获取用户的实际需求，并基于这些需求进行设计。在实际情况中，很多人对于自己到底需要什么并没有太多的认知，对于未来生活也缺乏一定的预知能力（陶海鹰，2014）。这对设计者造成了一定的困扰，在设计过程中，如何定义设计方案、依据什么去设计对象的规格成为设计者面临的最大困难。而以人为本又是设计的原则，设计者只能最大化地避开易受限的问题，反复实验、反复验证，并在这一过程中快速解决遇到的问题，最终获得用户的认可。

通过这一过程可见：设计者在产品设计过程中往往以需求为导向，这种"需求"可能是设计者创新产品的机会，也可能是产品自身属性的确认。海因斯博士认为对于设计师而言，大多数的产品开发是假设消费者想要什么，设计师会不断面临理解消费者偏好的挑战。

如今中国进入工业设计 4.0 时代，社会是由 20 世纪初的第一消费社会与现在的第四消费社会重叠产生的。每个消费社会都有相应的消费观念和消费产品，从个人到家庭，从国家到社会，消费者需求是宏观的公共需求认同在社会框架中的体现。消费者可能会为设计师提供一些见解，以使他们重新思考和改进他们的原始假设，从而指向更具吸引力、更有前景和更盈利的市场。在设计实践中，大多数新产品开发模式都是从消费开始的。设计师和消费者之间存在着隐性和显性的关系，设计师对这种关系的认知方式来自对新产品消费机会的感知（Yu & Huang，2021）。如果将社会消费作为需求，设计过程的模型基本上是线性的，反映了以目标为导向的问题解决过程。当设计师的设计实践转化为产品时，它就进入了消费环节，这可以称为社会消费。社会消费（实践）的反馈为设计师提供了新的产品机会（产品需求），设计师进入设计实践阶段，这样就得到了设计实践和设计消费的循环模型。

4.1.2 产品创新对扩散需求的相互影响

美国学者埃弗雷特·M.罗杰斯认为，一项创新的扩散程度主要取决于社会系统对于创新的理解与接纳（孙光磊、鞠晓峰，2011），以及社会系统内个体间对于接纳行为的模仿，由此总结出"接纳"与"模仿"这两个基本影响因素。相应地，对社会系统内扩散机制的描述与概括先后被提出，部分揭示了创新的内在传播机制。与本研究密切相关的理论，则是由罗伯特·索罗（Robert Solow，1924～2023）等提出的向外生技术进步率假设，从而论证了产品多样化发展存在的必然趋势。在此基础上，弗兰克·M.巴斯（Frank M. Bass）等构建的巴斯扩散模型（Bass Diffusion Model）则为创新的耐用消费品的市场扩散提供了有效的描述和预测手段。

在诸如市场及用户主观因素、用户的客观生理反馈等复杂环境因素影响下，对创新的研究也逐渐由对经验性显著的自发性实践尝试，转向体系化的实践工具构建，以及机制化的体系探索。例如白淼等基于可供性理论提出将预设用途与产品功能一致视为设计最佳应用模式，表明了市场个体的主观功能性要求与采纳效能间存在直接因果关联。张显奎等（2008）则提出基于生理信号的针对产品设计效能的评价方法，证明了生理指征等客观因素对产品设计中的功能性、创新性等效能具有明确的指标性表达。

综上所述，可以得出产品的创新与扩散呈现相互影响之态势的结论。创新需要通过产品形态的采纳实现扩散传播，相应地，创新对产品的采纳及扩散效果产生显著的影响。由此证明，预设产品用途、直观生理反馈等方式可以有效驱动产品创新方向，并通过影响产品的采纳效果等市场扩散效能体现迭代创新的最终效果，同时，相关理论提供的原理及方法为本设计研究提供了理论依据及研究工具。

4.2 产品的扩散预测对设计的反馈

4.2.1 扩散对产品设计的预测机制

创新扩散实际上是一个时间过程，包括从创新产品或工艺的产生到被社会大众所接受，并愿意在更新使用时选择。这一过程在不同的个体中所表现出的时间长短也是不同的。在新时代信息迭代的背景下，这一过程的时限较以往有所缩短。公众在创新扩散机制下，被动接受大量的信息也是接受的过程。罗杰斯（Rogers，1983）认为，扩散受到大众媒体和口头传播的影响，起始于最初的技术创新供方，随着时间的推移，新技术逐渐被潜在采用者采用，新的采用者或变为潜在新技术的供给者，或对潜在采用者产生口头交流的作用，潜在采用者中未采用者不断减少，直到为零，至此该新技术的扩散过程宣告结束。

创新扩散理论自 20 世纪 60 年代开始便引起相关领域学者、专家的关注，在进入技术预测与市场学的领域后，市场营销学领域和管理学领域的学者便将此项研究持续进行，不断深化，成果显著。其中巴斯模型的提出是颇具里程碑意义的成果。此模型由巴斯于 1969 年提出。巴斯模型的核心思想是创新采用者（innovator）的采用决策独立于社会系统其他成员；而采用者采用新产品的时间受到社会系统压力的影响，并且这种压力随着较早采用人数的增加而增加（Krishnan 等，2000）。而在提出者巴斯的眼中，这些潜在的采用者实质上就是模仿者（imitator），并提出其模型的具体形式是：

$$n_{(t)} = \frac{dN_{(t)}}{dt} = p[m - N_{(t)}] + \frac{q}{m} N_{(t)} [m - N_{(t)}]$$

式 4-1

公式来源：《创新扩散模型》

"此模型的形式中，$dN(t)/dt$ 为 t 时的非累计采用者人数，$N_{(t)}$ 为 t 时的累计采用者人数，m 是市场最大潜力，p、q 分别为外部影响系数（或称创新系数）和内部影响系数（或称模仿系数）。"式 4-1 中右边的第一项 $p[m - N_{(t)}]$ 是由于受外部影响并非因内因驱使——而购买新产品的使用者数量，也就是说，这部分的采用者并不受广义上的巴斯模型的影响就实现了创新扩散的目标,并达到了预测的数值。这就需要对与其相关的5个参数数据进行估计:创新系数(p)、模仿系数(q)、市场潜力(m)、价格影响因素(β_1)和广告影响因素(β_2)(任斌、邵鲁宁、尤建新,2013)。

由此可见,可利用数量可以决定估计程序的有效性,估计程序中的可用数据在满足必要条件时,可以以时间为参数,在时间不变的情况下和时间变化的情况下,程序完全不同。如果没有满足条件的数据,参数估计便只可依赖管理判断获取。还有一种方法,就是依赖相近产品的扩散轨迹获得。巴斯模型的产生是模型参数估计过程中对非线性最小二乘估计方法的借鉴,运用适当的非线性回归包(SYSLIN,SAS)来获得参数的估计,并用巴斯模型的解来验证,该方法也被 Rao 所采用(Rao,1990)。随着科学技术的进步,尤其是统计学和计算机技术的突飞猛进,越来越多的优化算法被研究者采用,常见的有遗传算法、模拟退火算法、蚁群算法等。Rajkumar 提出采用遗传算法进行参数估计,并与其他参数估计方法进行比较后发现,与传统方法相比,智能算法有着更好的估计表现(任斌、邵鲁宁、尤建新,2013)。

4.2.2 案例分析——电动汽车扩散预测机制

(1)背景介绍(根据 2021 年新能源汽车销售数据预测)

电动汽车是近几年汽车业的新势力,发展迅速。根据中国工信部的统计,2021 年,我国新能源汽车销售完成 352.1 万辆,同比增长 1.6 倍,连续 7 年位居全球第一。然而,其中很大一部分属于政府采购和公交及出租车购买,真正私人消费的份额非常小。2012 年可算作电动汽车进入私人消费者群体的启动元年。尽管中国已经是全球最大的汽车消费市场,但汽车的千人保有量仍远低于国际平均水平。根据知名汽车行业市场咨询公司 JD Power 在中国地区所做的市场调查,在中国 80% 的新车消费者是第一次购买汽车,40% 的潜在消费者表示他们会考虑选择购买混合动力汽车或纯电动汽车。因此,对中国市场来说,电动汽车作为新出现的创新产品,满足消费者首次购买条件,不包括多件购买和重购问题,符合作为巴斯扩散模型研究对象的要求。

（2）电动汽车扩散模型拓展

假设中国电动汽车市场的市场潜力是稳定不变的，根据目前电动汽车在中国的发展趋势设定，电动汽车在初期引入市场时会达到一个数值，其不代表未来全部的电动汽车市场潜力。由于中国汽车市场在汽车保有量和潜在消费者人数上不同于美国市场，因此在建立中国电动汽车扩散模型时，需要重新设定。按照中国汽车市场目前的发展态势，根据知名汽车产销量预测公司 IHS 的预测，中国到 2025 年轻型汽车的保有量约为 1.5 亿辆，参照目前混合动力汽车在日本和美国的销售情况，即 2013 年分别占当年轻型汽车销量的 10% 和 3%，本研究假设中国电动汽车的销售情况介于这两者之间，预计在 2025 年能达到 5% 的市场渗透率，因此，以 2020 年为基础，中国电动汽车的市场潜力 m 等于 750 万辆。中国电动汽车广义巴斯扩散模型如下所示：

$$n_{(t)} = \left(0.0091[7500000 - N_{(t)}] + \frac{0.5325}{7500000} N_{(t)} [7500000 - N_{(t)}] \right) *$$

$$\left(1 - 0.088[\frac{\Delta Pv(t)}{Pv(t-1)} - \frac{\Delta Pg(t)}{Pg(t-1)}] + 0.3626\max\left\{ 0, \left[\frac{\Delta Cs(t)}{Cs(t-1)} \right] \right\} \right)$$

式 4-2

公式来源：《创新扩散模型》

（3）电动汽车现状及趋势

为预测电动汽车未来在中国的销量，除必须建立扩散模型外，还必须对电动汽车未来的价格走势以及相关充电站的建设情况进行估计。在政策补贴前，中国的电动汽车普遍比传统车型贵 200%，尽管政府对纳入《节能与新能源汽车示范推广应用工程推荐车型目录》中的电动车型实行电池 3000 元 /（kW·h）、最多补贴 6 万元的补贴政策，众多地方政府还有追加的地方补贴，但高额购车补贴之后的纯电动汽车的价格仍要比配置相当的内燃机汽车高出130%。电动汽车价格的昂贵主要由车用电池的生产成本过高引起，目前电动汽车车用电池的价格为 1500～2500 元 /（kW·h），根据国家的规划，预计到 2025 年降到 1200 元 /（kW·h），在 2030 年进一步下降到 1000 元 /（kW·h）（任斌等，2013）。

2021 年，全国主要城市公用充电桩的平均密度为 21.5 台 / 平方公里，深圳、上海、广州、长沙、南京排名靠前。公用充电桩密度超过 30 台 / 平方公里，其中深圳市的公用桩密度最大，达到 118.6 台 / 平方公里，较 2020 年增加了 45.4 台 / 平方公里。海口、昆明、郑州等六座城市的公用桩密度相对增长率超过 50%。在北上广深四个超大城市中，公用桩密度水平依次为深圳 > 上海 > 广州 > 北京。2021 年度公用桩密度排名靠前的城市与排名靠后的城市相比，其年度增幅整体更高，侧面反映了当前充电桩建设发展水平较高的城市对充电基础设施建设的投入更多。根据行业预测，2022 年，随车配建充电桩将新增 190 万台，保有量达到 337 万台；公共充电桩将新增 54.3 万台，包含公共交流充电桩 24.4 万台、公共直流充电桩 29.9 万台；公共充电桩保有量将达到 169 万台，其中公共交流充电桩 92.2 万台、公共直流充电桩 76.8 万台。

（4）中国电动汽车销量的情景预测

针对中国电动汽车销量的预测，设定了三个不同情景来进行分析，分别为自然情景、理想情景和基本情景。在自然情景中，只用传统巴斯模型来预测电动汽车的扩散，不考虑决策变量的影响；在理想情景中，使用广义巴斯模型，并假设电动汽车的价格在 2020 年能降到与传统车型一致，并且充电设施的建设达到既定目标，车用汽油价格的涨幅与近 5 年来的历史涨幅保持一致；基本情景也采用广义巴斯模型，但不考虑汽油价格的影响，价格下降和充电设施增加的趋势变缓，是理想情景的一半。

通过计算，在理想情景下，电动汽车的扩散速度最快，在 2020 年增长率达到峰值，在 2023 年达到最高点；2020 年累计销量达到 350 万辆，2025 年达到 635 万辆，均超过了规划的要求。自然情景下的销量约为理想情景的一半，基本情景下的销量介于两者之间。值得一提的是，在三种情景下，2019 年电动汽车的销量都达到了 120 万辆，增长速度开始放缓，限定以 750 万辆作为潜在市场规模的条件下得到的结果，表示电动汽车在早期的潜在用户中基本完成了扩散。在真实的市场环境中，潜在市场规模 m 是变动的，只代表了电动汽车在市场引入阶段在初期潜在用户中的扩散情况有一定局限。

4.3 产品优化设计路径

4.3.1 产品外观、功能、个性化对采纳意愿的显著影响

在前人的研究成果中，一般认为感知有用性对创新产品的接受程度可起到一定的决定作用。感知有用性对于使用者来说，是在使用功能以外而影响其是否选择此产品的最主要因素。在创新产品被接受的过程中，产品的有用性是基于功能、价格、便捷程度等而进行判断的。通俗地讲，对于用户来说，便于工作和生活的产品是首选。在选择时，能够吸引用户注意力的产品必须是节约时间，并价廉质优的。这些被先进技术加持的产品投入市场后对于传统的主流产品直接造成了毁灭性的冲击。而产品的外观对于用户来说，可以满足其功能需求之外的精神诉求，符合用户需求的外观是创新产品需要考虑的因素之一。在科技赋能的前提下，很多创新产品实现了快速传播，地域差异越来越小。同时，为了尽快获得用户的信任，服务上也有相应提升，这些附加值有效地获得了用户的认可。用户在采纳犹豫期会进行这些方面的比较，并考虑时间及金钱成本的优势。同时，这类产品在功能的创设上越来越丰富，能够满足用户跨行业、跨领域的需求，使其充分感受到多元的价值体验。对于产品来说，又获得了用户的广泛认可，用户采纳的意愿更加强烈。

用户在选择创新产品的前期，付出的关注直接影响其采纳结果。创新产品的优势是便利，用户通过多种渠道进行对比考量会发现，创新产品的简单操作、容易接受、价格便宜等需求点均是使用的现有产品无法实现的。调研中发现，操作复杂性也是抑制创新产品扩散的障碍之一，尤其是女性用户和老年用户，若在心理上认为操作流程过于复杂，便会产生不愿意采纳的情绪。针对这一现象，创新产品作为个性化产品，可满足不同用户人群的个性化需求，还可根据用户需求进行个性化定制。当然，这种个性化定制必须在一定限定范围内，不能脱离产品的实际功能。

综上可述，创新产品具有一定的前沿性，这种前沿性基于产品本身的高科技含量，目的是为用户提供更便利的服务，进而实现节约成本的愿望既能够实现用户的采纳意愿，也能够增加创新产品的市场占有率。而产品的外观、功能、个性化对于用户采纳意愿的影响是显

著的，这些在创新产品面世之前，也是设计师必须考虑的因素。

4.3.2 产品迭代创新实现扩散路径的拓展

传播渠道是影响一项产品设计传播的重要因素。如前文所述，一项创新型产品设计的传播渠道主要有两种类型：大众媒介渠道和人际沟通渠道。前一种渠道罗杰斯把它称为"皮下注射型"，顾名思义，这是一种信息轰炸型的传播，短时间、高效率地使大众快速接受一种新观念或新方法。后者则类似于创新与产品设计决策阶段的设计说服。前面讲到，一项创新的产品设计脱胎于意识的产生，而人类的意识具有鲜明的社会属性。社会系统就是创新设计传播的大环境和主要渠道；离开了社会系统，产品的创新性也就不复存在。研究产品设计创新的扩散特性，就是研究产品创新扩散行为发生的社会系统。在设计学范畴中，研究产品设计传播的途径和范围，某种程度上就是在研究社会中人与人之间的人际关系。

在信息爆炸的时代，用户面对茫茫如海的信息传递总显得无所适从。这时候，他们更愿意通过人际交往渠道接触新的观念和方法，比如和同事或朋友交流对某个设计创新的体验或看法等。实际上，罗杰斯在建立创新扩散理论体系的时候，其研究的大众传媒渠道和人际关系渠道的界限比较明显，因此，其理论体系的构成还是主要以这两种有明显区别的渠道模式为主。但是，在互联网近 10 年的传播扩散渠道高速发展下，这种明显的界限慢慢消失了。互联网带来的信息快速交互，使传统的大众传媒渠道和人与人之间的交流方式都发生了巨大变化。用户在考虑购买一种新产品时可以到互联网上查找对应产品的技术信息和媒体评测报告，也可以到相关产品网络论坛中去交流有关这项产品的使用体验。这些变化都是传统的产品传播扩散渠道研究所不能涵盖的方面。

我们基于产品原始构型，归纳出产品可能的备选迭代路线；再以不同的市场投放背景调研信息为依据，采用创新扩散机制模型预测不同改进分型在不同市场环境下的扩散趋势，从而指导针对不同市场的优化改进策略；最终落实于具体产品设计，形成面向多样化市场的不同形态的迭代分型。从创新扩散理论的基本原则出发，创新的扩散效能主要取决于扩散体系中诸多个体对创新的采纳，以及个体间对采纳行为的模仿；落实到一般产品层面，则反映为用户对产品特性的诉求满意程度。

4.3.3 案例分析——小米产品的优化创新设计

创新扩散理论对当代产品设计开发范式的影响，主要体现在以扩散效能为产品设计开发方法的参照系，并将其进行体系化关联，可以形成一般化设计执行、设计评价、扩散效能回馈等各部分方法、指标和参照组成的系统化设计开发范式。这种创新扩散方式以樟树型创新扩散株为具体模式，对设计平台开发、生态链形成、产品网络布局等具有重要的指导作用。具体的扩散株形式为：由单一产品形成平台架构，通过密集耦合网络引入多重产品，形成生态链。而小米公司的产品设计则验证了创新扩散理论在具体案例中的应用。

小米公司成立于 2010 年，总部位于北京市海淀区，拥有小米手机核心产品，以及 MIUI、米聊、小米电视和小米路由器四大自有产品。小米以"投资 + 孵化"方式培养了一批生态链企业，其产品涉及智能、家居等 15 个领域、2700 多个细分种类。创业至今，小米成为全球第二大智能手机制造商，拥有全球最大消费级 IoT（物联网）平台，连接超过 2.35 亿台智能设备。小米以手机为核心向外圈层辐射孵化超过 290 家生态链企业，合作伙伴超过 400 家。2019 年进入世界 500 强，排名第 468 位，2021 年 8 月跃升第 338 位，成为最年轻的 500 强企业。经过对该案例收集资料和文献，可知小米生态链的发展历经了三个重要的发展阶段，而不同阶段其创新扩散的重点和策略各有不同。下面将以时间为参照，归纳出三个阶段的不同发展要点。

（1）以 MIUI 系统与手机硬件为扩散源的创新建构（2010 ~ 2014 年）

2007 年，第一部 iPhone 手机的发布、Android 系统的开放，以及 HTC、三星等企业的迅速崛起，标志着传统互联网向移动互联网、功能手机向智能手机的转型。2010 年，中国智能手机市场呈现出苹果手机的高性能、高价格与山寨手机的低性能、低价格同时并存的生态现象。从程序员到上市公司的 CEO，再到 IT 界天使投资人的雷军见此现象，决定以手机为切入点，创建一家以安卓系统为底层、手机硬件为核心、软硬件一体的移动互联网公司。2010 年 4 月 6 日，雷军同 7 位联合创始人正式成立小米，目标群体定位于手机极客发烧友，第一款产品是开放式操作系统——MIUI（Mi User Interface，小米用户界面）。

MIUI 系统与手机硬件是引发小米产品扩散的初始创新，也是小米生态链创新扩散源。MIUI 根据中国人的操作习惯优化了安卓原生系统，作为手机智能部件，具有电话、短信、通讯录和桌面四个基本功能，并积累了数十万的用户基础（陈进，2021）。此阶段，小米智能产品及其生成的服务，提供满足单个用户需求的单个解决方案。由此，企业在 MIUI、手机、米聊应用程序和电商四大主营业务的基础上，形成了小米在智能手机领域的独特竞争力。同时，科技的进步促使 MIUI 系统和手机不断更新。在用户群体的创新扩散中，不同年龄层次的用户群体对于 MIUI 系统和使用的手机界面需求是不同的。这些用户体验通过数据反馈至后台，对于设计师来说，这些数据就是其进行更新设计的依据。众所周知，产品的更新设计是基于上一代产品的用户需求及新科技的可行性而进行的。MIUI 系统和手机界面的反馈，令设计师能够更好地基于用户需求改进方案，直接助力产品更新设计，最终给用户提供更加优化的使用体验。

同时，为了更好地引发二次创新扩散，小米公司在手机界面设计上采取了以下三个设计方法。

①规划交互元素的层级

信息通过信息组织构成信息层级，信息设计使复杂的信息变得更容易理解。信息设计是对信息清晰而有效的呈现（阿恩海姆，1991）。虽然 UI 界面设计是现代科技的产物，但是仍未脱离传统设计中的形式美法则。UI 界面元素的内容是由文字、图像和形状来呈现的，尤其是各元素的不同视觉呈现方式直接影响着用户的体验效果。对于界面本身来说，秩序感是首要的；如果界面的元素组织结构处于无序的状态，那么其信息一定会让用户产生混乱感。对于用户来说，这种混乱感直接影响获取有效信息的效率，进而影响创新扩散。众所周知，界面元素的大小可直接呈现出其在整个界面中的地位，越大、越明显，越容易引起用户的关注。因此，设计师在实际操作中，可以根据信息的层级关系设计不同尺寸大小的元素，形成一定的梯度变化。MIUI系统就相对较好地解决了此问题，提出针对此现象的可视化设计。除实现了系统核心信息的视觉可视化以外，还实现了与界面元素的有机结合。在呈现效果中，视觉元素的层级优势越发明显：在大小关系上，元素与层级之间的关系成正比——元素越大，其所在的层级越高，所表现的内容更加突出。结合动态效果，用户在使用的过程中更容易获取重要信息，避免周围环境的视觉干扰。MIUI12系统的信息层级，充分利用了字体大小、圆角矩形的大小进行区分，给用户提供了轻松舒适的使用体验，在信息的获取上也实现了最大化的便利。界面元素的层级关系，在动态效果的衬托下更加清晰明了，其层次感和空间感更加明显。

②视觉差异增加产品易用性

根据用户调查显示，色彩在产品中的最大作用是增加用户可选择的范围。同时，色彩在创新扩散环节中也起着关键的作用，在界面交互中色彩也能够起到增加层级效果的视觉作用，调节用户的视觉感受，进而实现助力信息层次感的效能。色彩本身具有感性的成分，在造成用户视觉差异的背景下，能够唤起用户的情绪，引起用户情感上的共鸣，产生心理上的价值认同。从产品的效能上来看，这大大增加了产品的附加功能。

因此，色彩造成的视觉差异要求设计师合理运用这种差异，以实现信息层级的可辨识性，而对于用户来说，这也增强了使用的便利性。UI界面中的视觉元素构成了微妙的层级结构，以白色和浅灰色为例，常常作为背景色，具有一定的兼容性，各种颜色在此背景上均能凸显出来。在视觉感受上，信息组织以及个性表达上的需求，尤其在特殊元素的呈现过程中，对比强烈的色彩差能引起用户更多的关注，从而引导用户对系统进行更新。为了提升视觉的差异性，MIUI系统充分利用色彩的功能，使得设计元素凸显重要的信息（图4-1）：界面常以白色为背景，基于用户的视觉体验，按键和功能键采用颜色鲜艳的彩色，这样一方面使界面层次感强，另一方面便于用户聚焦其感兴趣的重要信息，实现快速达到操作目标、有效满足用户对于获取信息的高效需求，增强了产品的易用性。

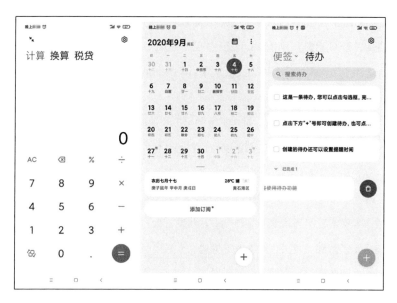

图 4-1　计算器、日历、记事本界面色彩应用
资料来源：《UI 设计中信息层级的视觉呈现方法与发展趋势研究》

③引入动效新科技，提升产品体验感

动效因直观、易理解而广受欢迎。各个年龄阶段的用户都对动效有一定的需求。科技赋能的时代，动效技术发展突飞猛进，5G 时代的到来让动效的普及已不再是难以实现的目标。在界面设计中融入不同动画效果，在实现界面之间转换和过渡更加自然的同时，还增添了趣味性，提升用户对产品的认可度。在某些场景中，动效的融入可以使产品最大化地发挥其优势，促进用户的互动交流。以手机界面为例，流畅的动效新科技可以使用户的操作体验更加连贯有趣。设计师将动效置入连续性页面的切换中，增强了用户使用时的快乐感，加深了用户的记忆，对于产品路线更熟知。同时，促进页面层级关系的实现，在不同层级之间设置动效转换，能缓解因层级复杂而带来的操作紧张感。对于用户来说，更准确地认识到正在运行的页面，也能认清此任务层面与界面中其他相关元素之间的关系，减少操作困扰，进而提升用户体验

感。MIUI 系统中的"物理引擎"驱动系统便是最典型的案例。总而言之，在转换中置入适合的动效设计，目的是基于用户需求而让用户便于操作，最终实现创新扩散。用户在使用中理解并熟练运用层级实现操作意图，更能加深对产品的依赖性，进而成为下一步创新扩散的主体。

（2）智能连接形成扩散内域，扩大扩散源与扩散株的边界（2014～2017 年）

2014 年，针对手机市场红利的消逝以及物联网时代的到来，小米开始进一步丰富产品种类和内涵。首先，开发新产品，拓展扩散渠道，丰富产品种类。小米公司基于此任务专设生态链部门，这种生态链以"投资＋孵化"的企业模式向产品周边、智能硬件和生活耗材延伸，将高效率的小米模式复制到其他产品领域中，开发了近百种产品，扩大了企业产品范围，为物联网布局奠定了基础。其次，开发 IoT 模块，丰富产品内涵。小米认为，"连接和智能"是小米发展硬件的逻辑。一方面，小米研发连接模块，实现产品连接。小米开发了一个嵌入一套通信协议的 Wi-Fi 模组，硬件产品嵌入该模组后可以和云端连接并被手机控制。由此，雷军明确了物联网战略——做一个平台，通过平台入口将标准应用于现有的硬件厂商。2014年 3 月，小米成立 IoT 部门，负责研发 IoT 的连接模块、嵌入式系统和控制中心，实现产品互联互通。11 月，上线小米生态云，实现不同产品间的数据交互和共享，其他企业可以将自有云通过生态云接入小米 IoT 平台，并纳入"米家应用程序"，实现统一控制。另一方面，研发智能模块，产生和收集数据，优化产品功能。2014 年小米投资绿米，开发智能家居模块套装，包含网关和传感器。嵌入该模块可以感知和识别用户状态、环境信息，不仅能实现产品智能化，还能与其他智能设备联通。最后，制定 IoT 战略，产品互联互动。2015 年，围绕"以手机为中心连接所有智能设备"的 IoT 战略，对外发布了标准化 IoT 模组，赋予产品感知识别性和连接性，并从手机周边产品开始实施，实现单品连接。例如，"华米"手环嵌入IoT 模组，与小米手机配合使用，用以监测用户行为并形成相关运动方案。基于手机周边产品，小米进一步向智能硬件延伸，实现物物联动。例如，加湿器和空调配合，保持环境温度和湿度的适宜。经过 3 年的发展，小米 IoT 平台已接入智能硬件 8500 万台，5 个设备以上用户超过 300 万人，成为全球最大的智能硬件平台。

此阶段形成的智能互联产品系统，不仅打造智能互联产品，还通过单品连接和物物联动的方式，将单独、离散的产品整合为定制化、集成化的系统性解决方案，从而满足用户更广泛的潜在需求。企业产品范围也从手机扩展到手机周边、智能硬件等领域，尤其是嵌入了连接模块和智能模块的产品，不仅实现了产品智能化，增强了用户和产品的交互，还形成了产品创新扩散的内域，扩大了单体扩散源与扩散株的边界。而创新扩散的扩散内域包含了扩散空间中扩散源的技术基础与扩散宿主的群体结构，以及系统内信息交流体系等因素。小米智能连接对于设计方法的启示有以下两点。

①进行原有模式饱和下的功能外拓

如上文提到，小米在成立之初，主要精力集中于智能手机与 MIUI 系统的研发和生产，以"高质低价"的高性价比产品迅速占领市场，赢得消费者口碑，并一度在我国成为出货量之首。但随着苹果、华为、OPPO 等品牌的崛起，它们依靠卓越的创新能力和线上与线下相结合的营销手段快速发展，造成小米的智能手机市场份额被不断侵蚀。智能手机业务上日趋激烈的竞争压力，导致小米寻求多元化发展之路，涉足物联网领域，希望通过构建产品生态系统，拓展原有功能模式，以分散风险。当其生态链产品得到良好发展、树立起优质口碑时，便帮助小米在竞争中形成一个保护层，在巩固已有的产品使用人群的基础上，也为小米在下一阶段的创新扩散过程中寻求新的扩散宿主奠定技术优势。

小米首先通过"投资＋孵化"生态链企业的模式向手机周边、智能硬件和生活耗材延伸，尤其是家电产业。以手机与 MIUI 为原点，结合市场需求开发了近百种产品，扩大了产品范围。在设计层面最重要的举措是开发 IoT 模块。IoT 的设计逻辑实质就是"连接和智能"，分为两部分：一是通过发展连接模块，实现产品连接；二是嵌入 Wi-Fi 模组，能够通过手机在云端进行操控。这打破了原有家电产品单一化的困境，连接多个家电产品，将家电产品作为模式化、情景化的互动工具服务于整体环境的营造。例如，体脂秤、手环嵌入 IoT 模组，与小米手机配合使用，用以监测用户运动行为和身体情况并形成相关运动方案。再如，电动窗帘、电视、灯光、沙发、投影等各方面配合，当出现观影需求时，能够全方位情景化调动，营造观影的整体室内环境。

②构建场景偏好的小米生态链产品外观

设计形态分析法（visual design analysis）是荷兰学者安德斯·瓦雷尔（Anders Warell）基于统计学的理论基础而提出的半定量分析方法，在产品设计领域中应用于产品和外观特性的分析。采用这种形态分析方法研究小米生态链产品群体的设计特征，并结合使用场景偏好，能更好地引导小米生态链外观设计和产品迭代设计。

在小米的官方网站，智能化占据了整屏，主要有这几个方面：手机及手机相关的配套产品、智能出行穿戴、传统的白电智能化、智能路由器、电源配件、智能健康、生活日用等。在其生态链中的产品并非独立存在，而是以智能的形式与其他产品密切联系。本研究选取其生态链系统中不同类型的产品作为样本（图4-2）。

图4-2　小米产品外观汇总图
资料来源：《小米生态链产品族在情景模式下的DNA设计风格》

将外观分为造型、色彩、材质三个方面,根据多人对18个样本的外观风格进行的初步描述,统计形容词后整理如表4-1所示。

邀请专家对部分外观风格进行德尔菲法的评价和筛选,得到评价指标数据结果与外观因素重要性排序,并得到外观因子规律(表4-2)。

表 4-1　外观风格初步筛选

造型特征	色彩特征	材质特征
A1:矩形轮廓	C1:白色	D1:塑料+金属
A2:圆形轮廓	C2:黑色点缀	D2:磨砂质感
B1:塌陷	C3:灰色点缀	D3:光泽质感
B2:镂空	C4:黑色	
B3:增叠	C5:灰色	
B4:穿插		
B5:圆角		
B6:阵列		
B7:扭曲		

表 4-2　小米产品外观因素特征表

造型特征A			色彩特征		
A1 矩形轮廓	2:1		C1 白色		100%
					80%
					50%
	3:2		配色	黑色 C2	
	4:3			灰色 C3	
造型特征B			**材质特征**		
B1 塌陷	规律性塌陷		主材质	D1 塑料+金属	
	无规律性塌陷				
B2 镂空	圆形镂空		表面质感	D2 磨砂质感	
	矩形镂空				
	有机镂空				
B3 增叠	单层叠加			D3 光泽质感	
	多层叠加				
B5 圆角	大圆角 r>0.25L(L 为产品当量尺寸)				
	小圆角 r<0.25L(L 为产品当量尺寸)				

根据以上表格内容可以看出,小米生态链产品在外观造型特征方面倾向于矩形轮廓,且采用塌陷、镂空、增叠、圆角等方式进行造型特征的塑造,在色彩方面偏向白色为主色调,搭配黑色、灰色进行色彩方面的设计,在材质方面多数以塑料和金属材质作为选择,主要营造磨砂或光泽质感。可见,小米生态链产品以适合家庭场景使用为需求而设计,其主要风格是简约、舒适、时尚,这也是当下颇为流行的风格。小米生态链外观风格和特征因素的归纳,为小米生态链产品的迭代设计和扩散起到了指引的作用。

在小米设计理念主导下,小米产品品牌生态持续发展。小米强调:自己的产品设计要保持简约的造型风格,采用基础几何或一体化的形态,不刻意设计无意义的装饰造型或细节;尊重产品内部硬件的合理性;采用直觉化的交互形式,便于用户使用;采用与使用环境易于融合的 CMF(color,material and finishing,即颜色、材质和表面处理)设计,从而使产品有助于降低受众对产品的认知难度，提高设计接受度；产品的体量要紧凑，设计效率要高；产品易于融入使用环境，自洽不突兀；提高生产质量的合格率，合理控制成本（图4-3）。这就是小米设计理念的框架，同时构成了整个企业的架构。

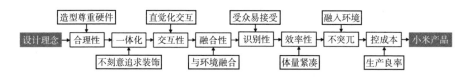

图4-3 小米设计理念图
资料来源：《基于垂直互联网的产品设计专业教学模式研究》

（3）AIoT赋能扩散动力的多元化，营造生态链创新扩散外域（2017年至今）

AIoT即"AI+IoT"，是人工智能和物联网应用的融合。从IoT到AIoT的变革包括三个层面：一是交互方式由传统的按键、触屏升级为声音、动作等更贴近人类交互的方式；二是智能硬件由单个设备向多个智能设备联动升级；三是由物物相连升级为以人为中心的智能场景互联（曹鑫、欧阳桃花、黄江明，2022）。为了迎接AIoT时代，小米开始探索新的物联网入口。

小米利用AI实现数据利用和挖掘，百度利用IoT实现场景化落地。与此同时，小米开放AI平台、MACE平台和小爱平台，吸引更多企业和开发者参与，进一步提高数据再利用价值。在AIoT布局后，小米决定突破智能家居领域，寻找新的增长点，并实现人与智能环境的连接。在产品应用广度和数据规模上，ToB拥有更广阔的前景。2018年12月，小米和全季酒店合作推出智慧酒店，采用全套小米AIoT设备，通过"小爱同学"控制场景联动。小米还推出"产业互联解决方案"，覆盖物业、地产和企业IoT领域。除房间场景外，小米认为汽车作为重要终端，交互方式很重要。驾车过程中，手是用来操控车辆的，因此，语音和屏幕才是更为合理的交互方式。小米与理想ONE汽车合作，通过"小爱同学"打造车内语音交互环境，AIoT赋能使场景联动。2021年，小米宣布下一个10年的核心战略：全面升级为"手机 ×AIoT"战略，强调乘法效应，从局部产品连接升级为全场景互联互通。

此阶段形成的智能互联产品体系，将企业产品和业务范围扩展到一组关联的智能互联场景产品和服务中，通过多场景联动，实现小米产品"万物智联"。企业由智能硬件 ToC 领域拓展到酒店、地产、汽车等 ToB 领域，全方位覆盖用户智能家居、车载出行、智能地产、智能酒店等生活场景。企业身份由 IoT 平台转型为生活场景体系提供商，极大地拓展了小米在智能产品领域的资源能力、运营效率和掌控力，扩张生态链创新扩散外域，由此对产品设计方法的指导与启示分为两部分。

①重新定义产品服务需求与人群

中国大多数消费者有一个传统消费观念——物美价廉。针对这个现实诉求，小米生态链提出了新的产品理念——"大众产品高质化，小众产品大众化"，立志做国人用得起的好产品。高质量产品，意味着高投入。为降低生产成本，小米生态链提出了一个设计理念——"8080"原则，即满足 80% 用户的 80% 需求，聚焦产业级痛点，满足用户的核心需求。这是一种求最大公约数式的用户需求定义方法，强调针对产品的核心功能，产品在有效覆盖大部分市场的同时保有较强的市场竞争力。

典型案例是华米公司生产的小米智能手环。小米智能手环的核心功能是睡眠监测、步数记录和公交门禁等几个常用功能，且小米智能手表售价只有两三百元，而其他竞品手表售价则为一两千元。小米智能手环完美诠释了物美价廉的概念，华米公司顺利占领中国市场成为智能手环行业的领导企业之一。

小米生态链顶层管理群具备良好的设计思维，系统解决问题的观念使得小米生态链产品成本的概念不再是仅局限于传统的生产成本或是营销成本等单一层面，而是综合各类优势与特点共同评估，成本控制聚焦产品概念进行整合。满足 80% 用户的 80% 需求的原则有一个潜台词——刚需。满足刚需的好产品是"爆款"转变为"经典"的一个重要基础。刚需意味着实用，有效避免了用户购买产品之后弃用的不良体验，同时可以削减不必要的功能以降低制造成本。这是小米生态链产品用户接受度与满意度双高的潜在条件，也是决定小米生态链产品策略可持续的重要因素。做中国好产品、高性价比、"8080"原则是小米生态链产品定义需求的关键理念与方法，这些设计理念与方法体现了用需求的精准定位去推动供给侧的效率提升的设计策略，为中国消费者创造了大量优质的好产品。

②跨界设计，协同创新

未来创新设计的重要趋势是更加注重跨界设计，小米生态链就是一次互联网企业跨界制造业的创新设计。小米生态链的跨界目标均为制造业中的蚂蚁市场——市场份额由大量企业瓜分的不起眼行业，如移动电源、插线板、扫地机器人、加湿器、行李箱等。蚂蚁市场的特点是创新动力不足，产品革新慢，缺少行业标准，缺乏具有主导性的引领品牌，并且往往是容易被大公司忽略的小领域。蚂蚁市场的属性，决定了其很容易被快速颠覆。小米公司发现并抓住了这个机会。针对移动电源行业，紫米公司通过小米生态链的支持，降低生产和销售的成本，从而降低同等级产品的价格，以高性价比的产品冲击原有市场，快速占领移动电源的市场并形成竞争优势，成为小米生态链的第一个成功案例。针对插线板行业，小米插线板增设了 USB 充电口并优化了内部制造结构，产品一上市就颠覆了长期没有大革新的插线板市场（段嵘、陈佳君，2022）。针对空气净化器和扫地机器人等智能硬件家电产品，小米进行了智能化设计，系统布局了小米 AIoT 平台，创造了智能家居的解决方案。由于有小米品牌价值的加持和大量小米手机用户的支持，智米和石头科技等企业也快速占领了市场，成为行业的标杆品牌。小米与生态链企业是优势互补的合作关系，二者在协同创新中实现资源共享、信息共享、风险平摊。生态链企业补足了小米公司在跨界产品制造中的先天不足，小米公司则为生态链企业提供了概念定义、产品设计、产品研发、品质控制等全方位的设计支持。不仅如此，截至 2021 年，小米生态链产品斩获了包括 IF、Redot、IDEA 以及 G-Mark 等四大国际设计赛事的最高奖项，各类设计奖项共计超过 500 个。跨界设计已经成为小米生态链产品的关键创新手段。而这些导致小米生态链拥有了广泛的人气和良好的口碑效应，再加上政策等外部因素对小米生态链的支持，营造了小米生态链健康、开放、共享创新扩散外域的环境。

综上所述，小米生态链通过创新扩散三个阶段的策略发展，由手机硬件与 MIUI 系统作为创新扩散源，逐步形成智能连接驱动产品开发，最终形成 AIoT 赋能扩散动力的多元化以及积极健康的创新扩散内域与外域环境，可从中归纳总结出创新扩散对设计方法的引导和影响作用：

①规划交互元素层级；

②利用视觉差异，增加产品易用性；

③引入动效科技，提升产品体验感；

④进行原有模式饱和下的功能外拓；

⑤构建场景偏好的产品外观风格；

⑥重新定义产品服务的需求与人群；

⑦跨界设计，协同创新。

由以上系统研究小米生态链对产品设计方法的作用可知，在设计链接创新扩散的基础上，小米在产品、创新、市场等多重层级上构建新生态系统，形成泛集团化的企业创新合作关系，使制造业企业积极进行资源共享、品牌赋能等创新合作，以顶层设计管理和关键设计策略构建系统的设计创新方法，保障设计创新的效率与质量，促进单一产品创新向生态系统创新扩散的转变，同时为发展新的扩散宿主奠定了良好的基础。

第五章　基于创新扩散思维的产品设计实证研究

5.1 智能止鼾枕概念的提出

智能止鼾枕是一种在侧睡可以明显改善打鼾的原理基础上，集成了自动化控制模块，实时采集使用者睡眠过程中个体生理数据，并进行枕头高度、支撑结构曲度自动调节，进而对睡眠进行干预，实现提高舒适度、矫正生理曲度以及改善睡眠呼吸停止状况的智能康复保健产品。从产品类型角度看，它是具备了传统医疗保健器械与智能数字产品等多重特征的复合型产品。

智能止鼾枕的概念来自医学基础研究（即头位和睡眠呼吸暂停的研究）的发现：侧睡可以明显改善打鼾。

医学博士、教授、耳鼻喉科专家、比利时安特卫普大学教授、阻塞性睡眠呼吸暂停（obstructive sleep apnea，OSA）的诊断和治疗专家尼科·德弗里斯（Nico de Vries），为了验证头部位置与躯干位置对于 OSA 患者来说哪一个是更重要的因素，在其与他人合作发表的《躯干和头部位置对阻塞性睡眠呼吸暂停低通气指数的定量影响》（Quantitative effects of Trunk and Head Position on the Apnea Hypopnea Index in Obstructive Sleep Apnea）论文中呈现出以下结果：

·在 300 名受试者中，有 241 名被诊断患有 OSA（AHI>5，AHI 表示阻塞性睡眠呼吸暂停低通气指数，英文全称是 Apnea Hypopnea Index）；

·在 199 例可分析其位置依赖性的患者中，基于头部和躯干位置传感器的 OSA（仰卧位的 AHI 是非仰卧位 AHI 的 2 倍）：41.2% 的病例没有位置依赖性，52.3% 有基于躯干传感器的仰卧位依赖性，6.5% 有基于头部传感器的仰卧位依赖性；

·在躯干仰卧位依赖性组中，46.2% 的头部位置对 AHI 有相当大的影响（AHI>5，当头部也处于仰卧位时，与头部转向侧面时相比）

得出结论：

① OSA 的发生可能取决于头部的位置；

②头部位置加重躯干仰卧位依赖性；

③ OSA 头部位置仰卧的 AHI 明显高于头部侧向的 AHI；

④呼吸的聚集更多与头部位置有关，而不是与躯干有关。

宾夕法尼亚大学睡眠医学部医学教授、美国医生理查德（Richard J. Schwab）教授也在国际睡眠权威杂志 *SLEEP* 上对 Nico de Vries 等人的这篇《躯干和头部位置对阻塞性睡眠呼吸暂停低通气指数的定量影响》论文进行了评论，认为他们的研究突出了头部位置对 OSA 的重要性，并认为对 AHI 调节可能会改变 PSG（polysomnography，即多导睡眠监测，是诊断睡眠打鼾 OSA 最重要的检查）的常规执行情况，最后指出此项研究不仅对实验室睡眠研究很重要，也开拓了便携式止鼾器在家庭睡眠领域的应用。

5.1.1 智能止鼾枕产品设计的构型

侧睡可以明显改善打鼾情况，止鼾枕就是让使用者在睡觉打鼾的时候不知不觉地被引导侧睡。止鼾枕的控制盒相当于大脑中枢，与枕垫相连，睡觉打鼾时，控制盒会自动识别使用者的鼾声，然后控制系统"命令"气泵对气袋充气，枕头慢慢地"膨胀"，头自然而然向侧面倾斜，呼吸道拓宽了，呼吸也就顺畅了。止鼾枕会每天记录使用者的睡眠与打鼾状况，除此之外，它还会给出完整的睡眠监测报告，让使用者随时掌握自己的打鼾情况。连接手机蓝牙，搭配应用程序使用，通过内置的传感器可以详细地查看使用者的睡眠数据，进而了解使用者进入睡眠状态后身体发生的细微变化，最终帮助全面改善睡眠状况，还可以设置鼾声识别的敏感度，实时监测睡眠质量，记录止鼾效果（孟刚等，2018）。

智能止鼾枕的产品基本构型，包括枕头本体、气管和气路装置。枕头本体包括颈部支撑袋、仰卧支撑袋、左侧卧支撑袋和右侧卧支撑袋，这四个支撑袋均包括气袋或气囊。气路装置包括气路开关、充气装置和泄气装置。智能枕通过充气装置和泄气装置给四个支撑袋充气或泄气，提供合适的颈部支撑力度，帮助颈椎恢复自然曲度，还可以在仰卧和侧卧时自动调整枕头高度，提供舒适健康睡眠。更重要的是，止鼾枕通过振动传感器和声音传感器的检测，会在使用者打鼾时进行干预，推动头部转动，改善和停止打鼾行为（图5-1）。

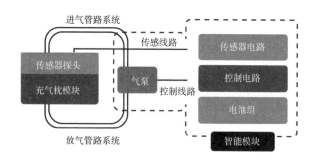

图 5-1 鼾枕产品基本构型

5.1.2 智能止鼾枕产品扩散的问题

在移动互联网等新型信息技术环境的综合影响下，产品的创新（含功能、体验和观念等方面）与扩散均呈现出扩散方式多样化、渠道多元化等特征（胡振华、刘宇敏，2002）。这就使原来基于创新扩散的理论模型对现有的扩散描述与预测的方式提出了更新的要求。相应地，创新与产品的扩散作用机制，及其在特定产品生命周期中的具体表现也更为复杂。

智能止鼾枕在发展和演化过程中面临着其创新能否被认可和接受的问题。由于综合了传统的康复保健产品与智能数字产品的多重特征，在其产品定位及相应的优化设计方向上也存在侧重于提升智能模块性能，以达到丰富使用体验的目的，抑或对产品材料、结构设计等核心要素进行优化，以实现功能性升级等不同优化方向的选择问题。而不同优化策略指引下的产品，在面向市场选择时同样意味着用户对其认知和定义的不同。这是一种像电动按摩座椅一样具有附加体验的传统康复保健产品，如智能手机相对于传统通信工具一般，是新的生活方式的产品化体现。不同的优化设计方向将显著影响创新产品被接纳的程度及后续产品体系的发展进程。对未来产品采用何种创新策略，其成效不仅反映在消费者的接纳程度上，更受到改造所需投入成本、价格等综合因素的制约，因此是产品设计、生产及市场等环节所共同面临的抉择与挑战。

若将上述问题中的矛盾双方——设计与市场，定义为创新和创新采纳，则可将此类问题纳入创新扩散的理论视野进行讨论。该理论为在一般社会或特定人群中创新被接受的效率过程及作用原理的研究提供了一定基础。同时，通过接受者对创新的反馈，也可以有效指导后续迭代创新的方向。因此，尝试以智能止鼾枕产品为例，探讨根据不同使用者人群对基本创新形态的反馈，从而明确特定类型的使用者对不同产品的需求特点，进而指明后续产品的迭代创新方向，并勾勒未来使用者群体的基本特征。此研究的基本思路是从智能止鼾枕的基本型号出发，在基础功能、用户体验、应用场景等方面进行不同创新策略的产品试制，并对不同假定目标群体进行产品投放测试，观察创新产品的扩散效果，对不同创新路线的扩散效能进行预测，再与实际投放比较。这样，一方面可以测试创新扩散的理论工具对不同产品创新形态的扩散效能预测的有效性，另一方面也为现有产品的创新方向决策提供预测及参考。

5.1.3 智能止鼾枕产品的巴斯模型设计

本研究在此主要从扩散形态出发，将智能颈椎枕产品在市场环境中的扩散表现，以及各种产品迭代型号的产品生命周期等因素，作为产品优化及后续更新换代的设计参照，继而通过对后续产品的市场表现进行量化及对比等方式检验扩散效果对设计方式指导作用的有效性，引入颈部枕产品所面向的市场环境下的扩散效果，并探索产品属性与扩散效果的因果联系，从而实现通过调整产品设计策略来影响产品的实际扩散表现，同时建立颈椎枕扩散评价体系。研究首先将实验目标属性定义为耐用消费品，并根据巴斯模型中的主要扩散影响因素与设计因素实现关联（式 5-1）。

$$n_{(t)} = [M - N_{(t)}] \left[P + \frac{Q}{M} N_{(t)} \right]$$

式 5-1

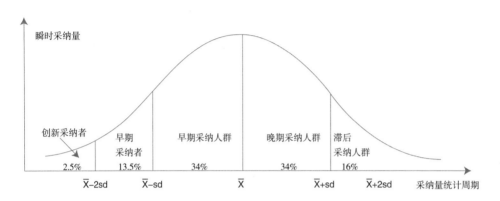

图 5-2 不同采纳人群在关系采纳周期上的分布关系
资料来源：《创新的扩散》

式 5-1 中：M 表示产品最大市场潜量；n_t 表示当前时刻采纳者的新增数量，其中 t 为当前时间参数；$N_{(t)}$ 表示累计采纳数量；P 表示新增采纳概率系数；Q 表示模仿采纳概率系数。由式 5-1 可知，$n_{(t)}$ 与 $N_{(t)}$ 的关系为线性相关，因此可知新增采纳上升趋势，即 $n_{(t)}$ 将受到 $N_{(t)}$ 和 M 的直接影响。而在实际产品扩散过程中，产品的性能、外观功能、体验迭代，以及使用方式、应用场景等的观念创新，都会在累计采纳数量、产品最大市场潜量等方面实现原有扩散系统的扩展和累计采纳数的增值。并且，广义的产品设计创新行为具体表现为产品性能、体验和观念层面的实际改进，并最终体现为产品的迭代与更新。因此，本研究从相关的市场反馈与调查数据入手，实现了具体设计目标与扩散系统中关键变量的线性关联。

我们可以根据创新扩散系统中的个体扩散效能强弱对用户人群进行划分，并通过不同群体的产品适应性与改进需求调查结果，有针对性地制定不同产品迭代路线，并根据相应产品迭代策略形成不同的产品分型。

根据创新扩散理论对采纳人群的基本划分原则，将实际产品的达成销售时间和总产品销售周期相互参照，可以将售后调查个体人群划分为创新采纳者、早期采纳者，以及早期采纳人群、晚期采纳人群和滞后采纳人群。划分依据为：假设产品扩散统计周期内的总采纳数量沿时间轴正态分布，则产品单一时刻总采纳量在 $\overline{X} \pm 2\sigma$ 范围内分布，其中 $\overline{X}$ 为采纳均值，σ 为采纳标准差。在单一采纳统计周期中，各扩散阶段的首次采纳规模表达为采纳人群规模，其瞬时总量变化沿时间轴呈现正态分布（图 5-2）。

在实际人群划分时，由于统计特征 $\overline{X} - \sigma$ 前后的实际采纳行为节点分布密集，较难准确区分创新采纳者和早期采纳者的界限，因此这里将 $\overline{X} -2sd$ 和 $\overline{X} -sd$ 合并为 $\overline{X} - \sigma$，即创新采纳人群。当采纳量接近 $\overline{X} +2\sigma$ 时的实际瞬时采纳分布较为稀疏，因此在时间轴上将采纳量分布指标显示为 $\overline{X} + \sigma$ 之后的用户纳入滞后采纳人群，具体采纳人群划分节点如下表 5-1。

表 5-1　采纳人群划分表

划分节点	用户人群属性	群体划分
	创新采纳人群	强扩散群体
$\overline{X} - \sigma$		
	早期采纳人群	较强扩散群体
$\overline{X}$		
	晚期采纳人群	一般扩散群体
$\overline{X} + \sigma$		
	滞后采纳人群	弱扩散群体

5.2 智能止鼾枕采纳群体的调研

5.2.1 采纳群体购买意愿调查问卷

5.2.1.1 研究假设

（这里只是象征性地给出研究假设，需要结合前面的文献及研究内容，给出真正的研究假设）基于上述文献总结及研究分析，本研究给出以下三个研究假设，并将在此基础上根据问卷调查的数据结果进行实证分析：

H1：在当前的市场环境下，本研究中的创新型智能助眠枕有一定的市场需求；

H2：创新型的产品品类相较于传统产品品类更具有市场竞争优势；

H3：互联网信息对用户的消费需求与消费评价会产生直接影响。

5.2.1.2 问卷调查对象与抽样方法

根据文献总结及研究分析的结果，结合现有市场情况与市场预期，本研究中的智能助眠枕面向的是全年龄段有睡眠质量问题的全体消费者，因此本研究所针对的问卷调查对象为全年龄段的全国人口。本研究通过传统网络社交平台（微信、QQ、微博、小红书）与专业问卷发放平台（问卷星、Credamo）相结合的方式，自主独立设置研发问卷，随机抽样发放问卷，整合收取数据，并进行独立的数据研究分析，以科学的抽样方法保证问卷数据的可靠性与研究的科学性。

5.2.1.3 研究流程

本研究的问卷调查部分根据科学的研究方法将分为以下四个部分：

1）根据以往的研究文献总结整合，并进行独立自主的研究后，创新性地提出本研究的研究问题与假设；

2）根据研究问题与假设，独立设计结构化问卷问题，并划分不同的维度；

3）收发问卷，得到研究数据；

4）在得到研究数据后，通过专业的量化数据分析软件进行检验，并根据数据内容进行分析，验证研究假设，得出研究结论。

5.2.1.4 研究结果

根据文献和研究得到的结果，本研究创新性地设计了一份囊括人口学基本特征和七大维度的结构化问卷，共计 20 题。其中，T1—4 为人口学问题，用以收集本研究中问卷调查样本的人口学特征；T5 一题独立为一个维度，用以了解样本的睡眠质量状况；T6—7 作为维度三，用以收集样本对智能助眠类产品的市场认知情况；T8 和 T9—12 分别用来收集和评估样本的使用意愿与购买意愿；T13—17 作为维度五评估市场现有消费评价对消费者可能的影响；T18 对市场的预期价格进行评估；最后的 T19—20 作为维度七，评估分析本研究中的智能助眠枕产品的实用用途与卖点。

在收发问卷后，本次问卷调查共收集到 511 份问卷，其中有效问卷 503 份，无效问卷 8 份。正式开始数据分析前将无效问卷进行剔除，并将剩余的有效问卷导入量化分析数据软件 SPSS.21。然后，根据提前设定的研究维度进行了信度与效度分析，结果如下。

（1）信度分析

信度检验在于检验不同的观察者群体在异时异地得出的结果是否具有一致性，通常的手法是采用 Cronbach's Alpha 值来测量信度，其取值范围介于 0 到 1 之间，Cronbach's Alpha 系数值在 0.65 ~ 0.70 为最小可接受值，在此基础上 0.7 ~ 0.8 表示收集的数据信度较高，较为可靠，若所收集数据的数值在 0.8 ~ 0.9，则表示数据的信度非常高，十分可信。表 5-2 为本次信度检验的数据图表。

表 5-2 信度检验的数据图表

Cronbach's Alpha	项数
0.737	7

由上表信度分析结果可知：本次调查数据主要通过的 7 个测量题项（T5、T8、T9、T10、T11、T12、T18）测量的整体 Cronbach's Alpha 为 0.737，该数值符合大于 0.7 的基本标准。由此可见，本研究所使用的调查问卷量表具有较好的信度，可以在此基础上对提出的研究问题进行进一步深化研讨，并对其进行分析。

（2）效度分析—探索性因子分析

探索性因子分析是评价量表效度过程中最常用的指标系数，目的是测量量表的结构效度，能够更好地判断各潜变量中的测量变量是否具备符合条件的稳定的一致性和结构。本研究在此部分采用量化分析数据软件 SPSS.21 进行问卷构成的效度检验。这一过程需要同时满足两个条件：其一是 KMO 值需要大于 0.7；其二是 Bartlett 球形度检验的显著性需要小于 0.05。这两个条件如果能同时满足，便足以说明在观测变量之间也存在着较强的相关性，足以证明问卷的结构效度较好。

检验结果（表 5-3）显示，调查数据所显示的 KMO 检验值为 0.862，大于所要求的 0.70，因此满足因子分析的第一个条件；Bartlett 球形度检验结果显示，近似卡方值为 852.855，显著性概率为 0.000（P<0.01），因此，可以从拒绝 Bartlett 球形度检验的零假设开始，从而满足因子分析的第二个条件。综上可知，本问卷的效度结构较好，可以在此基础上对提出的研究问题进行深入分析研讨。

表 5-3　KMO 和 Bartlett 的球形度检验

KMO		0.862
Bartlett 的球形度检验	近似卡方	852.855
	df	21
	Sig.	0.000

（3）调查问卷结构数据分析图

①潜在用户画像

根据图 5-3、表 5-4、表 5-5 和图 5-4 的结果可知，本次问卷调查的潜在用户画像为全

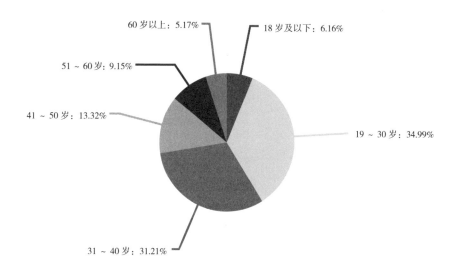

60 岁以上：5.17%

18 岁及以下：6.16%

51 ~ 60 岁：9.15%

41 ~ 50 岁：13.32%

19 ~ 30 岁：34.99%

31 ~ 40 岁：31.21%

图 5-3 样本年龄分布情况
资料来源：笔者自绘

表 5-4 样本性别分布情况

选项	小计	比例	
男	227		45.13%
女	276		54.87%

表 5–5　样本年收入情况

选项	小计	比例	
5万及以下	42		8.35%
6万～10万	315		62.62%
11万～15万	95		18.89%
16万～20万	28		5.57%
20万以上	23		4.57%

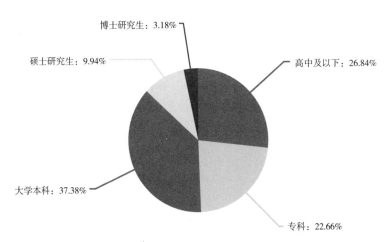

博士研究生：3.18%

硕士研究生：9.94%

高中及以下：26.84%

大学本科：37.38%

专科：22.66%

图 5–4　样本学历分布情况
资料来源：笔者自绘

年龄段的人口，男女性别比基本符合我国男女性别的分布现状，主要的年收入群体为 6 万～10 万元的群体，占据全体样本的 62.62%。本次问卷调查的样本中，学历在大学本科及以上与以下的分布较为均衡，由此可见本次研究问卷中的智能助眠枕产品的潜在消费人群在全部人口中的占比也有可能是分布相对均匀的。

②潜在用户睡眠质量情况分析

根据表 5-6 的结果可知，在所有样本中，不认为自己睡眠情况存在问题的用户只占全样本的 37.97%，不足四成，由此可见至少六成潜在用户存在睡眠质量方面的困扰，因此本款智能助眠枕的潜在市场非常广阔，市场的实际应用前景十分乐观。

表 5-6　样本睡眠质量情况

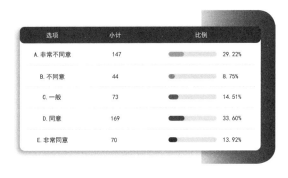

选项	小计	比例
A. 非常不同意	147	29.22%
B. 不同意	44	8.75%
C. 一般	73	14.51%
D. 同意	169	33.60%
E. 非常同意	70	13.92%

③智能助眠类产品目前的市场辨识度情况分析

根据表 5-7 与图 5-5 可知，目前市场对智能助眠类产品有一定的认知，在本次研究的问卷调查开始之前已有 76.34% 的潜在用户了解到智能助眠类产品，且智能助眠类产品在市场中的传播渠道众多，范围广泛。其中，网购平台的占比最高，有 21.92% 的潜在用户是在网购平台上了解到智能助眠类产品。其次的渠道是占比 17.90% 的社交软件。除了电视和报纸杂志，亲朋推荐与广播渠道的传播也占据了重要的地位，分别有 16.3% 和 16.82%。而 15.44% 的报纸杂志与 11.62% 的电视平台，对潜在用户的传播渠道影响也不容小觑。综合两个部分的数据可见，智能助眠类产品属于目前传播度较高的产品，拥有广阔的市场前景和十分畅通的综合性传播渠道。

表 5-7　样本对智能助眠类产品的市场认知情况

选项	小计		比例
A. 有	384		76. 34%
B. 没有（请跳过题7）	119		23. 66%

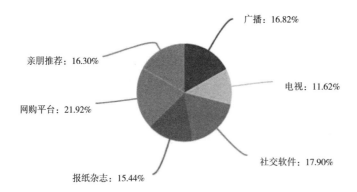

图 5-5　智能助眠类产品的市场传播渠道分布情况
资料来源：笔者自绘

④潜在用户的使用意愿分析

根据表 5-8 可知，大部分样本对智能助眠枕有潜在使用意愿，只有不到 23% 的样本明确表示了没有使用智能助眠枕的意愿。这样的数据结果证实了本产品具有实用前景和广大的潜在消费群体，也间接证明了本研究在市场实用层面的研究价值。

表 5-8　智能助眠枕使用意愿分布情况

选项	小计	比例	
A. 非常不同意	55		10.94%
B. 不同意	57		11.33%
C. 一般	84		16.70%
D. 同意	116		23.06%
E. 非常同意	191		37.97%

⑤潜在用户的新产品购买意愿分布情况分析

根据表 5-9、表 5-10 以及图 5-6、图 5-7 的数据结果可知，潜在用户对新产品使用和购买意愿的分布情况。大部分潜在用户都表示了愿意接纳新品类的产品，且愿意付出一定的尝试，而明确表示不愿意接受新产品、新事物的样本均不到 25%。此外，对于新产品新功能的开发与尝试，只有不到 21% 的样本明确表示了否定意向。而在购买意愿上，虽然明确表示不愿意进行购买尝试的样本占比略微上升，到达了 25%，但是总体上潜在用户普遍表现出了愿意接受用比传统产品更高的价格购买创新型产品的意愿。因此，综合四个问题的数据可以得出，在潜在用户对于新产品的使用意愿和购买意愿这一维度上，样本表现出了较大的接纳度，因此，本研究中的新型智能助眠枕可以在市场中得到充分的肯定，有较大的市场价值，

表 5-9　样本对新类型产品的尝试意愿分布情况

选项	小计	比例	
A. 非常不同意	48		9.54%
B. 不同意	52		10.34%
C. 一般	90		17.89%
D. 同意	128		25.45%
E. 非常同意	185		36.78%

表 5-10　样本对新事物的接纳度

选项	小计	比例	
A. 非常不同意	51		10.14%
B. 不同意	68		13.52%
C. 一般	82		16.30%
D. 同意	143		28.43%
E. 非常同意	159		31.61%

　扩散型设计：创新扩散的产品设计

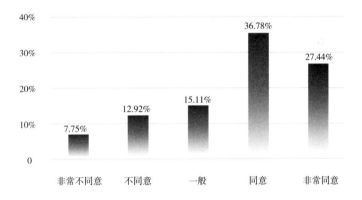

图 5-6　样本对新品类产品的功能开发意愿分布情况
资料来源：笔者自绘

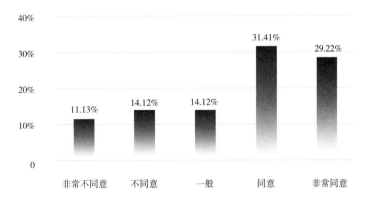

图 5-7　样本对创新品类智能产品的购买意愿分布情况
资料来源：笔者自绘

且具有比传统产品产生更庞大的市场利润空间的可能性。

⑥外部因素对潜在用户的购买意愿影响分布情况分析

根据表 5-11 到表 5-14 及图 5-8 的内容可知，外部因素如购物平台或其他买家的评价，能够对潜在用户产生较为明显的影响。而且根据表 5-14 的数据可知，潜在用户往往比较信任网络上的评价，明确表示信任的样本量占比超过 50%，而明确表示不信任的占比不到 25%。由此可见，在网络评价会对潜在消费群体购买行为产生较大影响的前提下，实际市场需要在铺开渠道的情况下注意产品形象及口碑风评，以提高购买意愿及用户黏性。这样的研究结果也对网络购物的大研究方向具有指导意义。

表 5-11　样本在购买前进行商品评价评估的情况

选项	小计	比例	
A. 非常不同意	48		9.54%
B. 不同意	68		13.52%
C. 一般	76		15.11%
D. 同意	133		26.44%
E. 非常同意	178		35.39%

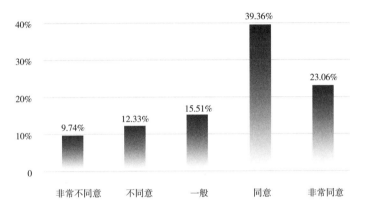

図 5-8 样本对消费行为感知敏感度情况
资料来源：笔者自绘

表 5-12 样本对网购平台评价的信任情况

选项	小计	比例	
A. 非常不同意	45		8.95%
B. 不同意	76		15.11%
C. 一般	74		14.71%
D. 同意	142		28.23%
E. 非常同意	166		33.00%

表 5-13　样本对购物平台传播影响的感知度情况

选项	小计	比例
A. 非常不同意	51	10.14%
B. 不同意	68	13.52%
C. 一般	66	13.12%
D. 同意	178	35.39%
E. 非常同意	140	27.83%

表 5-14　样本对购物过程中其他用户评价的感知度情况

选项	小计	比例
A. 非常不同意	45	8.95%
B. 不同意	73	14.51%
C. 一般	84	16.70%
D. 同意	115	22.86%
E. 非常同意	186	36.98%

⑦潜在用户对产品的预期价格情况分析

根据表 5-15 的内容可知，潜在用户中对本研究中智能助眠枕产品预期价格区间在 1500～3500 元的占比超过 50%，而高于 3500 元的样本量只占 6.76%，这也基本符合目前市面上常见的同类型产品价格区间，且基本上可以断定高于 3500 元的定价就会超过市场的接受度。

表 5-15 样本对产品价格接受度情况

选项	小计		比例
1000元以下	79		15. 71%
1001元～1500元	108		21. 47%
1501元～2500元	159		31. 61%
2501元～3500元	123		24. 45%
3500元以上	34		6. 76%

⑧潜在用户的购买用途与卖点情况分析

综合表 5-16 与图 5-9 的内容可知：本研究产品的实用用途非常广泛，在众多卖点中，科技感、创新理念和简单实用的操作性是潜在消费者最注重的三个方面，而助眠枕的助眠功能也很被重视；除了购买自用外，更多的潜在消费者会选择将本研究产品送给父母、伴侣、朋友等，且选择送给父母的比例为 30.32%，占比最高，这也给本次研究的后续内容提供了一个可能的研究方向，即针对中老年群体进行产品优化的可能性。

表 5-16 产品卖点情况

选项	小计		比例
有按摩功能	113		22. 47%
能提升睡眠质量	189		37. 57%
对颈椎有良好的支持	150		29. 82%
操作简单实用	210		41. 75%
可调节高度	173		34. 39%
能体验科技感	223		44. 33%
产品注重创新理念	204		40. 56%

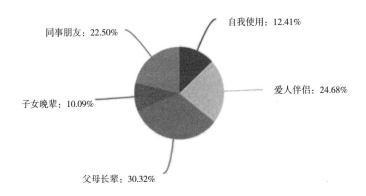

同事朋友: 22.50%　　　自我使用: 12.41%

子女晚辈: 10.09%　　　爱人伴侣: 24.68%

父母长辈: 30.32%

图 5-9　样本购买用途情况
资料来源: 笔者自绘

⑨问卷调查分析小结

综合问卷的数据分析结果发现, 研究假设中的 H1、H2、H3 均得到证实。在购买与使用意愿层面上, T8—12 证实了潜在消费者对智能助眠枕类的助眠产品有潜在需求, 且需求旺盛; 在市场预期价格方面, 1500 元以上的预期定价也展现了市场对创新型产品的认可度, 这也直接证明了 H2 的研究假设成立。关于 H3, 数据证实了用户评价会给潜在消费者的购买意愿造成极大的影响, 这也是新产品投入市场之后亟须进行评价数据收集、分析的根本原因。

5.2.2 扩散系中不同采纳群体的需求反馈及分析

针对现有 GN06 型止鼾枕产品的形式、功能、外观、价格等关键属性进行产品售后调查。该调查采用基于移动互联网社交软件发布调查问卷的方法, 在现有产品用户 (即所累计采纳群体 N_t) 中进行网络调查, 并采用优惠等激励方式进行次级扩散引导, 共获取有效页面访问 3304 人次, 对所有调查问题的有效反馈均值为 83.94%。通过调查发现, 现有用户群体中显著的改进创新需求主要集中在功能和体验方面, 并且这两项改进诉求占比约为反馈总量的 61.2%, 占总参与调查数 50.3%。同时通过页面转发被动统计, 可以明显地看出该扩散系统具备一定的自发扩散趋势，即在无激励机制引导条件下，用户群体的自发扩散率约为 2%。这与经典扩散模型中的 2.5% 创新采纳者比例趋同，而在扩散激励机制引导下，扩散率为 7%，由此证明了用户的改进诉求和后续产品扩散的因果关联。根据现有统计数据，选取与产品扩散强关联数据，形成现有产品改进需求的总体分布（图 5-10）。

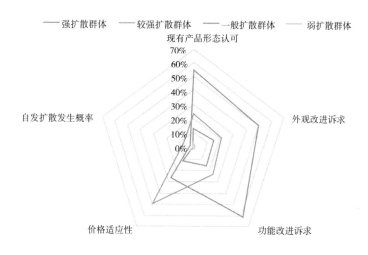

图 5-10　现有产品改进需求的总体分布
资料来源：笔者自绘

　　面向智能止鼾产品的智能化、数字化创新属性，此研究从现有采纳用户中分离出总人数占比较低的 20 ～ 40 岁采纳人群，针对产品基本功能、价格适应性、电子产品助眠行为、止鼾枕使用可能性、产品外观多样性诉求等产品密切相关因素进行了潜在用户群体的需求调查。总有效反馈数为 1251 份。由于采用主动反馈并屏蔽了激励策略，有效问题反馈均值为 76.7%，具有统计意义。上述调查结果显示，对产品具有潜在功能性需求的用户占 36.7%，同时潜在用户体现出较高的对跨用户群体产品的接受度。通过对上述调查的数据归纳并抽取与潜在扩散行为存在强关联的数据，获得不同接受群体的产品需求分布概况（图5-11）。

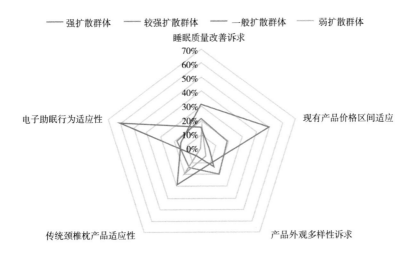

图5-11 不同接受群体的产品需求分布概况
资料来源：笔者自绘

　　图5-11可直观反映出潜在扩散存量内的产品需求特征对价格、电子助眠行为，以及相关同类产品具有良好的适应性。通过数据分析，可以明确地看出产品的潜在扩散可能与优化创新方向有关。根据现有调查结果可以得出：潜在用户对电子产品，尤其是智能化数字处理功能产品的助眠行为模式具有较好的潜在接受性。这也直接表明，市场对加入了智能化数字处理功能的助眠枕，具有较好的接受潜力。市场潜力是未来产品迭代创新方向得以确定的基本前提。强扩散、较强扩散和一般扩散群体，对新形式与类似产品的接受性都表现出相同的接受程度，同时对睡眠质量改善的刚性功能需求也表现出相同的倾向性，但在产品的价格适应性上具有较大分歧。由此数据统计结果可知，可行的产品迭代策略主要是在保证基础助眠功能的前提下，以产品的生产经济性为基础，以丰富用户体验为目标进行产品的创新迭代。

5.3 智能止鼾枕的选型与扩散设计

5.3.1 扩散模型影响下的智能止鼾枕产品设计策略

　　本设计研究首先基于产品原始构型，归纳出产品可能的备选迭代路线；再以不同的市场投放背景调研信息为依据，采用创新扩散机制模型预测不同改进分型在不同市场环境下的扩散趋势，从而指导针对不同市场的优化改进策略；最终落脚于具体产品设计，形成面向多样化市场的不同形态的迭代分型。从创新扩散理论的基本原则出发，创新的扩散效能主要取决于扩散体系中多个个体对创新的采纳，以及个体间对采纳行为的模仿。落实到一般产品层面，则反映为用户对产品特性的满意程度。因此，本设计研究提出如下假设：①市场的多样化导致市场个体对某一产品的性能的采纳行为存在差异性；②差异性需求可以直接作为基础产品形态的迭代路线指引。基于上述两点假设，首先根据产品基础构型抽取数据，并对可能的迭代方向进行限定，继而根据不同市场的差异性反馈，进行针对性的有限迭代实验。

　　（1）产品优化范围限定

图 5-12　智能助眠枕基本工作原理
资料来源：笔者自绘

智能助眠枕产品的原始构型包括充气助眠枕、智能控制两大基本模块。其基本工作原理是通过智能控制模块中的震动和声学传感器采集使用者实时生理数据，控制气泵与充放气管路，对充气枕各部分分别进行气压控制，由此改变气枕高度、曲面弧度，以调整舒适度，并根据要求改变使用者头部姿态，缓解睡眠呼吸暂停状况（图 5-12）。由上述构型可以看出，产品具有的综合属性，部分年轻用户在观念认知上会更容易接受。相对于同类助眠类产品的采纳普遍具有年龄敏感性特征的情况，产品在扩散域边界上具备突破潜力，使其无论是在年轻群体中，还是在中老年群体中的扩散效能都有提高的空间。

因此，在市场调研部分和设定迭代路线方面，可以适当放宽目标年龄范围的限定。同时，进一步扩充数字化体验设计的迭代选型，例如将专用控制（嵌入式）模块更新为通用软硬件环境（如 Android 等），以适应功能扩充和控制算法远程升级等需求。由此可以假设，可能的主要迭代路径有核心功能、使用体验、应用场景三大改进方向。之后，可以根据不同的优化方向优化气枕模块材料、功能结构，以及控制模块系统结构或软硬件环境（表 5-17）。根据上述优化路径划分，可以实现产品方案可选边界的约束。如此，可在保证可选的优化设计方案具备高适应性的前提下，有效避免设计中因偏重单一指标而导致的性能不均衡问题。

表 5-17　产品主要迭代路径

设计优化指向	设计内容	设计类型	面向目标	工作模组
核心功能	枕型、控制模组设计 设备集成方案设计	技术研究	产品性能	工业设计
使用体验	外观、造型、包装设计 使用者交互方案及界面设计	外观及交互	产品性能	视觉设计
应用场景	推广策略制定、 投放广告设计等	市场拓展	创新扩散	市场推广

（2）产品采纳情况调查

在创新扩散视野下，市场对产品的接受与反馈被称为系统对创新个体的"采纳"，而描述原型产品采纳情况，则可以通过市场投放实践来体现。在涵盖了扩散方式和渠道多样化影响因素后，在以产品基础型号于不同市场区域作为首要影响因素的前提下，先期投放效果反映出如下问题：在不同国家、地区，以及同一国家的不同经济水平地区内，产品反馈、改进诉求以及产品附属功能需求反映出显著的区别。相应地，创新及产品扩散的具体表现也更为复杂（图5-13）：多元化市场特征对同一类型产品的接受程度存在显著影响；欧美地区助眠枕用户的年龄中位数在50岁左右；大量需求集中在便携性方面，并且对产品价格显示出较高的敏感性；国内的调查则显示，用户对产品舒适性等基础功能的需求较强，对智能化功能以及价格的敏感性较弱。另外，国内用户普遍对包装、外观等产品附加属性的提升显示出较高的需求。

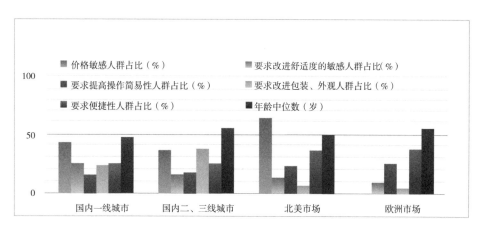

图 5-13　智能助眠枕基础型号（GN-06）售后市场调查反馈

由此可见，不同市场对于产品优化诉求具有一定差异性，其中，具备主导性的差异体现在市场区域与年龄中位数这两项指标。而后，将调查所取得的现象纳入创新扩散理论体系进行理解。产品的基础型号版本在不同区域扩散过程中体现出不同人口学属性在采纳反馈表达方面存在的显著差异，这可以解释为：不同的年龄群体在产品功能方面的偏好主导了对产品改进诉求的表达。基于不同社会环境的观念因素也是显著影响产品扩散特性的重要因素。产品不同的扩散特性，与用户群体的人口学（性别、年龄、职业等）指标和人种学（地域、民族、国家、文化等）属性形成较强的关联，这是以往面向产品扩散的研究未曾关注到的现象。这也意味着经典扩散模型中的恒定扩散域在多元化市场背景下产生了边界消解。

（3）优化设计路线的提出

由上述调查及论证可知，目前基础构型的智能助眠枕产品在扩散系中存在可扩展的扩散边界，设计多样化的不同迭代产品，实质上是为了提高扩散系统中的正向外生技术进步率。因此，如何确定精细化的迭代策略并从设计视角进行创新优化，是产品面临的首要问题。根据以上结论，可以基于现有调查结果，采取针对性的有限迭代优化，以取代传统产品改进流程中对产品的重新审视或依据经验的改进及试制。根据不同市场的需求，可以粗略梳理出针对不同扩散系的主要产品优化需求，并与价格敏感性联立，用于优化成本控制参考（表5-18）。

表5-18　不同扩散系的产品优化需求

扩散系	主要优化需求	第二优化需求	第三优化需求	价格（成本）敏感性
国内一线城市市场	舒适性	便携性	操作简易	第三
国内二线城市市场	产品外观	操作简易	舒适性	第四
北美市场	便携性	操作简易	舒适性	最高
欧洲市场	便携性	操作简易	舒适性	次高

（4）产品优化路线与迭代选型

将上述不同市场需求分级和价格敏感性作为依据，可以设计相应的优化路线，从而确定不同的优化选型。优化策略首先从设计类型和实现手段出发，将具体设计优化目标根据核心功能、使用体验、应用场景三个主要方向的介入程度进行实现手段的界定，确定设计的总体技术路线，同时进行产品改造成本的概算和控制，并最终与图 5-13 进行对照，实现具体工作模块的任务指定。产品迭代路线划分（表 5-19），由于参照了创新路径及工作分类的限定范围，尽可能地将优化创新工作围绕产品基础构型开展，只在核心功能改造部分预留了较重度的开发工作量和预算冗余。此处可作为核心功能的向外延展出口，亦可作为开发新的基础构型的起点。

表 5-19　产品迭代路线划分

首要优化目标	实现手段	技术路线	优化成本
舒适性	核心功能改造、使用体验调校	枕头设计、传感与控制模组改造	高
操作简易	核心功能调校、使用体验改造	控制模组改造、交互方案及界面设计	较高
便捷性	使用体验改造、核心功能调试	枕头外观调整、包装设计	中
产品外观	使用体验改造、应用场景改造	外观与包装设计推广策略制定投放广告设计	低

在实际开发过程中，舒适性改进和操作简易性的技术路线有所重合，因此在设计执行阶段进行了技术路线合并，以实现开发工作简化和预算压缩。具体做法是将原有控制模块的软件系统升级，采用个性化学习模块（图5-14）进行控制，剔除原先将枕型重新设计作为提高舒适性的手段，进一步压缩了后期生产和定型成本。

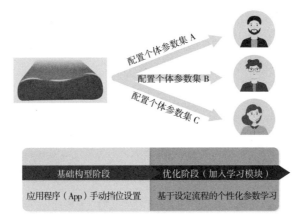

配置个体参数集A

配置个体参数集B

配置个体参数集C

基础构型阶段 优化阶段（加入学习模块）

应用程序（App）手动挡位设置 基于设定流程的个性化参数学习

图5-14 个性化学习模块示意图
资料来源：笔者自绘

经过分路线优化设计和试制，总共产生出不同迭代选型6种。每种选型根据表5-19所列的优化目标各有侧重，同时根据不同市场偏好，确定将每种选型投放至市场环境和诉求较为相近的两种市场进行交叉验证，最终确定出针对四类市场的批量的定型产品型号。各选型针对改进及交叉投放验证结果，如表5-20所示。由于国内外市场对价格敏感性存在较为显著的差异，因此在交叉验证时仅对选型3进行了国内外代表性市场的交叉。

表 5-20　各选型针对改进及交叉投放验证表

型号	针对改造 1	针对改造 2	首要试投放	次要试投放
选型 1	舒适性、操作简易	产品外观	国内一线城市市场	国内二、三线城市市场
选型 2	产品外观	舒适性、操作简易	国内一线城市市场	国内二、三线城市市场
选型 3	产品外观	操作简易	国内二、三线城市市场	北美市场
选型 4	便捷性	操作简易	北美市场	欧洲市场
选型 5	便捷性	—	北美市场	欧洲市场
选型 6	便捷性	—	欧洲市场	北美市场

　　最终，根据不同市场投放情况，对这 6 种选型进行合并定型：1、2、3 这三种选型在舒适性及产品外观方面进行针对性改进，成为适合国内市场推广的定型产品 1、2 两种型号；将选型 3、4、5 在提升便携性和易操作性上进行合并，形成定型产品 3；将选型 5、6 合并定型，在基础构型上仅进行配件简化和包装结构设计，形成基础便携版本。此外，针对海外不同市场进行外包装和推广材料的设计，合并为定型产品 4。具体交叉合并路线如图 5-15 所示。由图可知，在设计选型过程中各优化分型间保持了一定的优化路线交叉，其作用是：在已经限定优化范围边界的情况下，保持足够的产品性能和应用场景兼容性，为最终定型提供一定的优化方案冗余。同时，所有交叉改进方案仅限定于所面向市场的需求表达，且排除了周边产品开发、其他交互，乃至社交功能延展等优化方向。

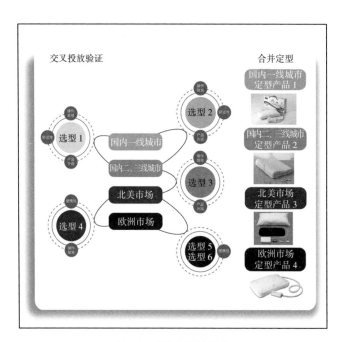

图 5-15　具体交叉合并路线
资料来源：笔者自绘

因此，这样的优化设计路线归纳是直接以原有扩散系统内部的外生技术进步率提升为目标的优化创新设计方法。从效果上看，这有效避免了传统产品设计方法在多样化市场环境下优化目标模糊的问题，在生产环节中实现了试制和投放检验产品选型数的有效收敛，并大大提高了产品定型效率。上述研究及生产实验证明，此项方法有效缩短了基础产品在分型迭代环节中的设计周期，降低了试制成本和市场验证损耗。

5.3.2 智能止鼾枕优化选型设计

数据与联接装置的迷你化技术突破，开启了"智能互联产品"的竞争新时代（Heppelmann & Porter，2014）。智能互联产品（SCoT）是由硬件、传感器、软件微处理和连接性组成的产品，信息的流通性能极强，在其环境、制造商、运营商、用户以及与之相关的其他产品甚至系统之间流通。产品的功能实现存在于物理设备外部，即所谓的产品云中。然后可以对这些产品收集的数据进行分析，以提供决策依据，提高运营效率和产品性能。另外，基于互联而产生的数据再应用于产品，最终实现人工智能的价值迭代。

智能互联产品通过大幅改进处理能力和设备小型化，以及无处不在的无线连接带来的网络优势，开启了竞争的新时代。智能互联产品影响生活的方方面面。

（1）智能健康：例如智能手表、智能空气质量检测仪等一系列智能硬件设备的记录数据等功能，让人们的生活变得更健康；

（2）智能运动：例如智能手环、智能跑步机监测等智能运动设备，刺激人们的运动神经，让人们能够爱上运动；

（3）智能家居：例如智能马桶、智能扫地机器人等智能家居设备，解放了人们的双手；

（4）智能家电：例如智能洗衣机、智能电饭煲等智能家电设备，让人们的生活更方便；

（5）智能音乐：例如蓝牙音乐灯泡、智能蓝牙音响等设备，让人们的音乐生活变得更方便且具有情调；

（6）智能生活：例如智能寻物防丢器、智能鞋等设备，使人们再也不需要担心丢失的物品找不回了。

智能止鼾枕就是智能互联产品在智能健康范畴的典型案例，具备上面关于智能互联产品的所有特征。作为本研究的一个对象，希望以此产品的开发、设计、验证为样本，建立当下智能互联产品的研究范式、理论模型、设计方法。

分型产品1为高档款智能止鼾枕（图5-16），价格在3000元左右。

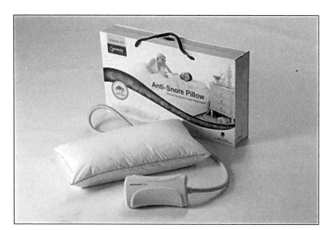

图 5-16　高档款智能止鼾枕
资料来源：笔者自摄

产品设计包括几个方面：

（1）市场需求方面，这款产品的主要定位是国内一线城市的消费人群和国外高端市场，产品性能最好、最齐全，售价也最高。它集齐了本止鼾枕发明的所有功能，达到医疗器械级的产品标准。无论在同行业里还是在本产品系中，它都是最高端的产品。

（2）技术创新方面，产品采用物理止鼾的方式，整夜待机捕捉真实鼾声。当传感器探测到鼾声时，枕头内的气囊轻启，轻柔地推动使用者侧转头部。头部的侧转增加了舌头与喉咙的间隙，拓宽呼吸道，缩回喉咙内的软组织，鼾声减弱，从而改善呼吸，实现健康睡眠，增强深度睡眠，同时也不影响枕边人休息。和其他止鼾方式相比，用止鼾枕舒适安全，可以做到无感觉止鼾。呼吸机佩戴麻烦，如果长时间佩戴呼吸机，可能会对呼吸机形成依赖性，容易造成人体呼吸肌萎缩，从而导致离线困难，容易影响自主呼吸的能力。止鼾手术术后有可能疼痛、术后出血，随着年龄增长，体重的增加，还可能会再次出现睡眠打鼾。而无论是牙套止鼾器还是鼻夹止鼾器，又都会干扰睡眠。

（3）临床检验方面，有多项相关研究。德国 LINDENBRUNN 诊所（2010）临床研究表明：在原型测试睡眠实验室中，测试人数 10 人，一晚使用枕头，一晚不使用枕头，结论是减少打鼾。

而德国用户在家庭环境下（2014）的原型测试显示：测试人数 157 人，入选标准 18 ~ 78 岁，BMI 30kg/m²，两晚使用枕头，两晚不使用枕头。每天晚上测试后，测试者的配偶完成问卷调查，结论是测试者减少打鼾 67%。同时，德国海德堡大学曼海姆耳鼻喉诊所（2014）研究样本包括 22 名打鼾者（4 名女性，18 名男性，其中一名研究前就打鼾，一名因失去配偶取消资格），受试者和其配偶必须回答不同的问题。在主动模式下使用枕头时，打鼾指数 $P<0.04$，经过德国海德堡大学伦理审查委员会确认，打鼾者明显减少打鼾，不会导致微觉醒，不会引起睡眠参数不良，不会改变仰卧睡姿。

（4）智能化方面，智能化程度高。止鼾枕插电即用，内置鼾声感应芯片，运行速度更快、更稳、更强。MEMS 鼾声识别传感器精准识别，应用程序能够直观地看到打呼噜的频率次数以及可视化的部分调节功能实现效果（图 5-17），比如鼾声的时长和强度，以及止鼾干预后的时长、强度和相对减少的百分比。具有 Wi-Fi 功能的止鼾枕首次使用时，和用户有三天的交互学习期，可以采集鼾声数据，记忆端永久保存。数据可实时远程同步手机应用程序，不受空间、时间的限制。

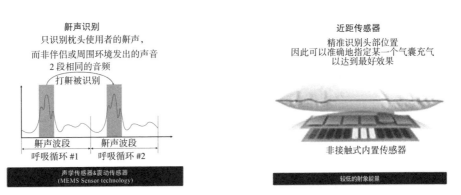

图 5-17 MEMS 传感器鼾声识别原理图
资料来源：上海莱特尼克医疗器械有限公司

（5）关注人、机、环境的协调智能化方面，在三天的学习期间，干预效果异常是正常现象，需保持耐心，给予止鼾枕、身体、环境互相适应的周期。止鼾枕内置六组柔性气囊，牵动时与头部相邻气囊鼓起，柔和引导头部侧睡，含有气泵的控制盒采用五层降噪处理，整晚低噪声运行。这点也是设计生产的难点，经过多次设计试制（如选取隔音海绵的材料和调整切模样式，20次以上），声音强度控制在28分贝，参考树叶落地的声音是20分贝，相对电风扇运转声音的50分贝，可以说静若无声。通过手机应用程序的远程控制，家中的老人不会用也不受影响，子女可以远程查看老人的睡眠数据。比如老年人比一般年轻人的睡眠时间都要短，但可以通过应用程序监测观察睡眠质量，做到老人好眠，家人时刻安心。

（6）产品形态设计方面，在不同的扩散系统中，根据前期国内的调查显示，一线城市用户对产品的舒适性等基础功能的需求较强，对智能化功能以及价格的敏感性较弱。另外，国内用户普遍对包装、外观等产品附加属性的提升显示出较高的需求。在止鼾枕产品外观形态上，视觉采用白色为主色调，因白色极简，是一种不声张的高级。同时，白色也是一种治愈的颜色，从产品语义的角度来看，它传达着纯粹、干净、惬意。作为床上用品，白色可以方便搭配其他各种床上用品。根据前期的优化目标，在这款高端产品上，外观、包装设计推广策略制定、投放广告设计都采用了白色为主色调。

在止鼾枕的内部结构设计上，整个枕芯的设计采用人体工学护颈设计40度仰角，让枕头正好吻合脖颈处微曲的弧度，在睡眠中可以放松脖颈肌肉和韧带，减少颈部压力，睡眠才更加自然、更加轻松。整个枕芯采用五层设计，第一层亲肤枕套，第二层是天然乳胶层，第三层是柔性气囊层，第四层是MEMS鼾声识别感应区，第五层又是天然乳胶层。天然乳胶具有极好的弹性和贴合性，让枕头承载不同体重的人群时可以根据头的形状来改变枕头的高度和形状，以最佳的支撑力来适应睡眠者的任何睡姿。枕头适应人体，不需要人体适应枕头。

（7）产品材料设计方面，第一层亲肤枕套可拆洗更换，采用透气防螨虫的面料。纺织品面料防螨整理技术是基于现代医学、精细化工纺（工业纺织）与染整新技术而产生的边缘技术，其核心问题是如何从化工领域实现防螨剂的新分子结构设计和材料的合理化合成。第二层和第五层的天然乳胶采用93%的天然优质高弹乳胶，蜂巢状透气孔设计。除了气孔设计外，天然乳胶本身有成千上万个细小网状结构的排气孔，可促进天然通风，使枕头里面的空气充分流动，还可以将使用者头部的余热和水汽疏导出枕头。天然乳胶中的橡胶和蛋白能够抑制病菌和过敏原，抗菌率高达99%。其次，由于天然乳胶本身带有一种味道，蚊虫是不愿接近的。而且天然乳胶表面平滑，螨虫无法附着。因此，天然乳胶防螨抗菌的功效被高度认可，而人工合成的乳胶并没有这一功能。

分型产品2为高度自动调节枕（图5-18），价格为1400元。

图5-18　高度自动调节枕
资料来源：笔者自摄

图5-19　高度自动调节枕控制盒
资料来源：笔者自摄

该产品的设计可从以下几个方面论述：

（1）市场需求方面，根据不同市场的显著需求，可以梳理出针对不同扩散系的主要产品优化需求，并与价格敏感性联立，用于优化成本控制参考。对选型1、2、3这三种进行合并定型，在舒适性及产品外观方面进行针对性改进，推出适合国内市场推广的定型产品1、2两种型号。定型产品2和定型产品1最大的优化需求区别在于，产品2是针对国内二、三线城市的人群。

（2）技术创新及产品特点。自动识别个体睡姿并结合使用者的体重相应调整枕头高度，以提供在不同睡姿下对颈部及头部的舒适支撑。具体有：

①自动适应 >90% 体型的人群；

② <10% 特殊体型人群可通过一次性的训练来设定特殊参数（训练时间 2 分钟）；

③自动调整睡眠区间的灵敏度；

④自动校准，区域和时域大气压自动校准

⑤（有可关掉的香薰功能）夜灯及时钟设计在控制盒上，集多功能于控制盒一身（图5-19）。

夜灯作为一个设计亮点，造价不是很高，但对客户体验提升很有价值。很多人家中卧室都会安装床头灯，在睡之前，开大灯还是较为刺眼的。所以就有了家用床头灯小夜灯，这时控制盒就是床头那个夜灯。香薰作用：有的小夜灯不仅仅是灯光的功能，还有香薰的功能，即通过灯泡的热量使精油挥发，这样可以做到除异味、净化空气、吸附二手烟、减轻精神压力等功效。灯光作用：有强弱二挡和开关挡，亮度可调节；日常使用的电灯在夜晚开灯瞬间光线太强刺眼，多有不适，而这种小夜灯光线圆润，柔光似水，能产生类似于月光的灯光效果，创造出朦胧温馨的光照环境，有助使人平心静气，安然入睡。

（3）产品形态设计方面，高度自动调节枕基本结构和工作方式：考虑到用于优化成本控制和功能的调整，枕头和控制盒的体积都明显缩小（气袋和气泵的容积都变小）。

①乳胶枕头体仍然采用93%的天然优质高弹乳胶，双层枕套，采用天丝面料，可拆洗更换。造型上，长方形的长边缩短，采用双波浪人体工学设计，贴合颈椎生理曲线，使颈部充分微循环，并高弹亲肤。气袋组（4 层贴合气袋）、连接气管（双管路）、控制盒（内置电路板、压力传感器、双向泵、阀、消音器和管路等），基于特定硬件配置上的"模型"+"参数"。

（4）基于睡姿变换高度调节，系统支持按压放气，抬头充气的基本触发方式。实际应用中，不同的睡姿，仰卧或侧卧，正常情况下压力是不同的，但由于系统误差对个体和使用场景的广泛存在，压力绝对值对睡姿的可区分度不大。

考虑到正常睡眠对按压和抬高的幅度均不大，对变换睡姿，气压变化趋势及前后气压稳定数据做出睡姿变换模态识别（见图5-20、图5-21）。

对应的模型气压控制图的解读：

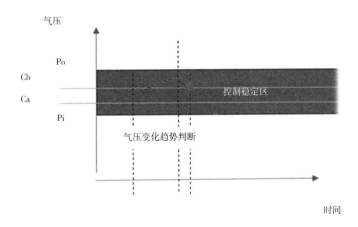

图 5-20　对应的模型气压控制图的解读
资料来源：笔者自绘

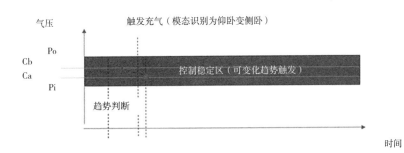

图 5-21　模型气压控制图
资料来源：笔者自绘

比如：仰卧或侧卧时，系统检测到睡姿变化，且评估睡姿变化前后的稳定气压，基于判断模型和运行通用参数，如判断为侧卧，触发充气抬高。

（5）睡眠区间的灵敏度自动调整。由于睡眠的不同时间区间对枕头调节反应的灵敏性适配会有差异，系统设计在不同睡眠时间区间枕头调节的灵敏度会有微调，以避免枕头的过度调节而干扰睡眠（见图5-22）。

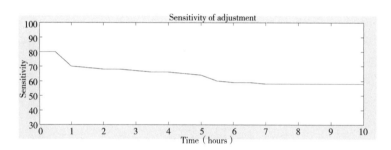

图 5-22　调节反应灵敏性适配图
资料来源：笔者自绘

开启半小时内灵敏度相对较高，半小时后灵敏度降低，确保睡眠不会受枕头调节而影响。

（6）个性化学习模块（见图5-14）。由于用户群体存在着对充气枕高度的适配差异，充气枕系统设计拥有学习模块，允许用户做个性化参数适配（见图5-23）。

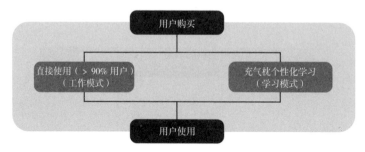

图 5-23　用户个性化参数适配
资料来源：笔者自绘

学习模式是一种特殊的系统运行状态，允许用户对充气枕做个性适配，个性适配后，参数组自动存储于充气枕。

在学习模式的参数学习过程中，系统可以根据用户的不同卧姿做出枕头高度的自适应调整。

学习模式是用户可选操作的功能，在大部分情况下，用户不需要做适配，正常开机后系统以缺省的参数组或已通过学习选定的参数组工作。

（7）日常的系统运作模式和用户使用模式（见图5-24）。

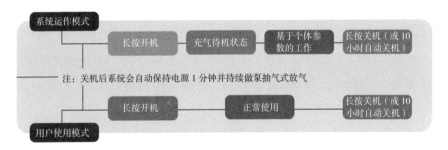

图 5-24　系统运作模式
资料来源：笔者自绘

分型产品 3 智能颈椎按摩热敷枕（见图 5-25）价格 600 元左右。

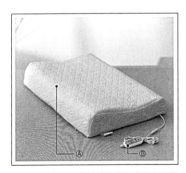

图 5-25　智能颈椎按摩热敷枕产品实物图
资料来源：笔者自摄影

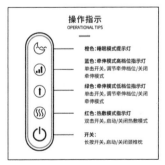

图 5-26　USB 电源线控制开关界面图
资料来源：笔者自绘

（1）市场需求方面：颈椎相关疾病占人类各类慢性病的80%以上，但近年这种多发病已明显年轻化，年轻患者（12～13岁与16～18岁）正以每年约10%的比例迅速攀升，2018年颈椎病中青少年患者比例由1996年的8.7%上升到目前的12%以上，所以有效预防和治疗颈椎病，已经成为人们维持健康的当务之急，刻不容缓。

关于颈椎病的危害，国内外专家、学者一致认为，颈椎病可引起：高血压（或低血压）、冠心病、心律失常、脑缺血、神经衰弱、记忆力差、反应迟钝、视物模糊、头痛、眩晕、耳鸣、耳聋、猝倒、恶心呕吐、大小便障碍、慢性胃疼、胃肠功能紊乱、胆囊炎、胆结石……康复手段：理疗及牵引是辅助颈椎康复的两种方法。

此分型产品主要定位于国内二、三线城市的礼品需求，定位产品本身价格不高，是针对追求性价比高的消费人群和对颈椎有保健按摩理疗需求的采纳人群。根据前期市场调研，在不同的扩散域中，虽然二、三线城市的礼品消费采纳群体和颈椎保健市场的采纳群体有着不同的需求，但是经过合并也带来了统一的结果。

国内二、三线城市的礼品市场，通过前期微信扩散渠道的调研表明：微信传播群体比较能接受的价格大多在1000元以内，最好价格在几百元。对颈椎有保健按摩理疗需求的采纳人群前期调研表明：由于用户的颈椎等部位的生理机能出现不同程度的下降和衰退，针对患有不同病症的用户，按摩头部，增加加热（热敷）、按摩牵引等，能够舒缓颈椎酸痛。对头、颈按摩区域细分按摩力度等级，满足不同部位的按摩需求。大多数人对价格比较敏感，希望产品性价比高。这两个采纳群体数量比较大，覆盖面比较广。将以上述不同市场需求分级和价格敏感性作为依据，完全删除了枕头的智能止鼾功能，确定了核心功能为颈椎的保健按摩，设计相应的优化路线，从而确定优化选型。

（2）产品形态设计方面：智能颈椎按摩热敷枕产品的USB电源线控制开关界面图（见图5-26）。

	nitetronic 智能颈椎枕	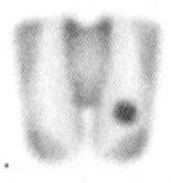 肩颈 按摩仪	 热敷型 颈椎枕	固定形状 颈椎枕
舒适入睡	✓	✓	✓	✓
恒温 温控热敷	✓	✓	✓	✗
自动运作	✓	✓	✗	✗
睡眠中动态 支撑颈椎	✓	✗	✗	✗
智能 记忆模式	✓	✓	✗	✗

图 5-27　智能颈椎按摩热敷枕市场竞品分析图
资料来源：笔者自绘

安装与使用：

①产品为内置式智能颈椎按摩热敷枕。使用时，将所配的电源线插入枕头底部的电源插孔中，另一端接入电源。

②电源连接，本产品可使用常规移动电源进行供电，或者市面销售的任意 USB 电源适配器进行供电，如手机电源适配器等。［注：部分老式移动电源（5000mAh 以下）或者电量严重不足的移动电源可能无法开机。］

③将枕头平放在床上，稍高的一侧靠近颈部放置。

产品特性：

市场上现有产品要么不能当作普通枕头使用，颈椎拉伸后还要更换枕头，要么需要手工充放气，使用非常不方便，而且没有办法在整晚的睡眠中提供对颈部的有效支撑，从而帮助颈椎的恢复。本产品特性：

①一次设定，自动记忆；

②恒温热敷，避免低温灼伤；

③热敷及颈部拉伸后无需更换枕头，自然入睡，有助睡眠；

④全自动颈部拉伸；

⑤睡眠中持续提供颈部的动态支撑。

天然亲肤：外枕套面料采用天然彩棉空气层面料，吸湿透气、触感蓬松柔软，并且未经过染色工艺，低碳环保。枕芯采用泰国进口天然乳胶材质，舒适柔软，亲肤透气，抗菌防螨。

舒缓颈椎：复合碳纤维发热片能够持续恒温发热，舒缓颈部肌肉压力。再通过气囊装置有规律充气和放气，达到模拟人工推拿的效果，缓解颈椎酸痛。发热和牵伸模式均有多挡位设置，适用于多种人群的需求。

人体工学设计：依据人体颈部、头部的生理曲线进行枕芯曲面结构设计，保证睡眠时颈部得到全面承托，达到健康睡眠的目的。

（3）智能颈椎按摩热敷枕的使用方法。

"智能颈椎按摩热敷枕"工作流程包括热敷模式、牵伸模式与调节模式三个阶段。

①多挡位配置。

热敷模式和牵伸模式均包含"低、中、高"三个挡位，单击"热敷按钮"或"牵伸按钮"可自由切换挡位，长按"热敷按钮"或"牵伸按钮"可开启或关闭热敷和牵伸功能。

②热敷及牵伸模式设置。

接通电源并长按"电源按钮"智能颈椎按摩热敷枕将按照系统预设的挡位或者前一次使用时设置的挡位执行热敷和牵伸程序，保持仰卧位，全程约30分钟。如需调整，方法如下。

默认模式（推荐）：开启电源→热敷模式（5分钟）→牵伸模式（25分钟）→睡眠模式（根据颈部压力，自适应调节枕头高度，并进入休眠状态）。（注：医师建议热敷时间不宜过长，以避免引起低温灼伤。建议高档热敷时间不超过0.5小时，中、低档热敷时间不超过1小时。）

仅热敷模式：可长按"牵伸按钮"关闭牵伸功能。开启电源→热敷模式（30分钟）→睡眠模式。

仅牵伸模式：可长按"热敷按钮"关闭热敷功能。开启电源→牵伸模式（30分钟）→睡眠模式。

智能记忆：使用结束后，"智能颈椎按摩热敷枕"将自动记录最近一次挡位设置，并在下次启动后作为默认设置执行程序。

③睡眠模式。

智能颈椎按摩热敷枕在工作30分钟后，自动进入休眠状态，并根据颈部压力，自适应调节枕头高度至合适位置，帮助用户在舒适的状态下快速入睡。

（4）智能颈椎按摩热敷枕的常见问题调查统计及回应。

①枕头第一次如何使用，标准流程是什么样的？

枕头第一次使用，接通电源，打开电源开关，枕头就按默认的标准流程执行功能。标准流程如下：

打开电源开关→自动进入低档热敷模式（时长5分钟）→自动进入低档颈部牵伸模式（时长25分钟）→自动进入自适应调节模式（热敷和牵伸均停止，时长2分钟）→自动进入睡眠模式。

②可以根据需要改变标准流程吗？

可以。热敷模式和牵伸模式均分为三个挡位（低挡位／中挡位／高挡位），可通过单击热敷按钮或者牵伸按钮进行调节。设置成功后，枕头将自动记忆用户已设置的挡位，并在下次工作时，直接按该挡位工作。当热敷及牵伸两项选为关闭时，自动跳过对应工作阶段。

③第一次使用时选定了热敷挡位和牵伸强度后，以后使用时还需要重复选牵伸挡位吗？

不需要。枕头有记忆功能，可以在之后的使用中，自动调整至选择的挡位开始工作。

④在使用过程中如何关闭热敷／牵伸功能？

在使用的过程中，可以通过长按热敷／牵伸按钮至指示灯熄灭来关闭热敷／牵伸功能。

⑤自适应调节模式下枕头是怎么工作的？

枕头完成热敷和牵伸模式后（或者直接关闭热敷／牵伸），进入自适应调节模式。在这个模式下，枕头将自适应调节颈部支撑高度，用户也可通过简单抬头或下压动作，主动选择睡眠时的颈部支撑高度。

分型产品4 老年关爱止鼾枕（见图5-28）价格3000元左右。

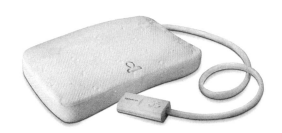

图5-28　老年关爱止鼾枕产品实物
资料来源：上海莱特尼克医疗器械有限公司

（1）市场需求方面，综合前期欧洲市场调研和商业接触（考虑到欧美购买力比较强和价格可接受度高因素），北美市场的调研（独立网站、电话访谈）中，老人群体无论是在原型测试睡眠实验中还是意愿采纳人群中都是一个重要群体，反映出较强的购买意愿。日本的试用反馈明确提出不习惯应用程序（App）的使用方式，觉得学习复杂。日本很多的电子用品都是按键式的控制方式。这些反馈引起设计师对老年采纳群体的特别关注。

本设计起源于德国海德堡大学曼海姆耳鼻喉诊所（2014）和德国 LINDENBRUNN 诊所（2010）关于《使用头部位置改变的枕头对打鼾和睡眠的影响的交叉研究》。首先分析来自德国的调查数据，德国是欧洲人口老龄化程度最高的国家之一，德国总人口为8315万人，60岁以上比例27.35%，其中65岁以上人口为1750万，占比为21.12%，80岁及以上的高龄老人数量达到590万。另外，德国有近600万65岁以上独居老人，96%的独居老人住在自己家中，4%住在养老院。另外，德国有12000多家养老院。预计到2050年，德国一半以上人口将超过 50 岁，1/3 人口超过 60 岁。按照国际标准，当一个国家或地区 60 岁以上老年人口占人口总数的 10%，或 65 岁以上老年人口占人口总数的 7%，即意味着这个国家或地区的人口处于老龄化社会。欧洲统计局的最新数据显示，2019 年，欧盟 27 国 65 岁以上老龄人口达 9050 万，占总人口的 20.3%，已整体步入"超高龄社会"（王文玥、鲁翔和高伟，2021）。到 2050 年，65 岁以上人口将达到 1.298 亿，占总人口的 29.4%（见图 5-29）。再看日本，根据共同社 2022 年 8 月 10 日报道，日本总务省 9 日公布的人口动态调查结果显示：日本 65 岁以上人群占比增加 0.27 个百分点，至 29.00%，刷新 1994 年有统计数据以来的最高纪录；15 至 64 岁劳动人口减少 0.10 个百分点，至 58.99%，创新低。报道称，日本少子老龄化形势严峻。

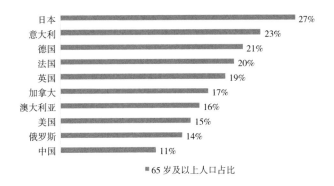

图 5-29　2019 年全球各国老龄化程度排行榜 TOP10
资料来源：世界银行，艾媒数据中心

再分析一下我国的老龄化状况（图 5-30）。据中新社北京 2022 年 9 月 20 日报道（记者李纯），中国国家卫生健康委员会老龄健康司司长王海东 20 日在北京表示，2035 年左右，中国 60 岁及以上老年人口将突破 4 亿，进入重度老龄化阶段。国家卫健委举行新闻发布会，谈及中国老龄化呈现的形势与特点：老年人口数量多，人口老龄化速度快。截至 2021 年底，全国 60 岁及以上老年人口达 2.67 亿，占总人口的 18.9%；65 岁及以上老年人口达 2 亿以上，占总人口的 14.2%。预计"十四五"时期，60 岁及以上老年人口总量将突破 3 亿，占比将超过 20%，进入中度老龄化阶段。2035 年左右，60 岁及以上老年人口将突破 4 亿，在总人口中的占比将超过 30%，进入重度老龄化阶段。

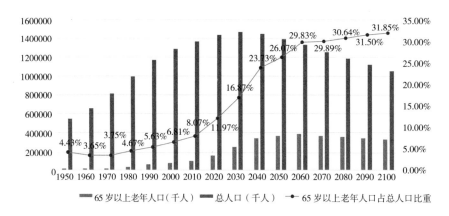

图 5-30　中国 65 岁及以上人口数量和占总人口比重的变化趋势 1950 ~ 2100 年

资料来源：World Population Prospects 2019

我国老年人口规模巨大、发展迅速，目前正在呈现着老龄化、高龄化和空巢化的趋势，孕育了一个巨大的老年产品市场（王琦、刘玮，2022）。

（2）老年人打鼾原因。

据世界卫生组织对 14 个国家 25916 名在基层医疗机构就诊的病人进行的调查，发现 27% 的人受睡眠质量问题困扰。据调查，我国睡眠质量不佳者高达 5 亿人，其中以 40 岁以上的人群为主，这部分人群属中老年人，也就是说，目前我国的中老年群体是睡眠质量差的主要人群。睡眠质量直接影响着人们的健康生活，打鼾是其中威胁人类健康的最具杀伤力的影响因素之一。每年都有打鼾者因打鼾而窒息死亡的案例，因此说打鼾可能危及生命绝不是危言耸听。而这些打鼾人群中，中老年群体居多。打鼾并非正常现象，而是亟须治疗的一种病症，以此来保障睡眠质量。

在影响中老年人睡眠质量的问题当中，打鼾是常见疾病之一。人在睡眠过程中，肌肉的松弛导致咽腔狭窄，呼吸气流通过狭窄的呼吸道时引起软组织震颤，出现打鼾，俗称打呼噜。患者在熟睡后鼾声响度若增大到 60 分贝以上，可妨碍正常呼吸时的气体交换。5% 的鼾症患者兼有睡眠期间不同程度憋气现象，称阻塞性睡眠呼吸暂停综合征。

睡眠呼吸暂停可导致反复发作的低氧血症和高碳酸血症，引起多器官功能损害，如高血压、心绞痛、心肌梗死、脑血栓、肥胖、糖尿病、性功能障碍等，严重者甚至可引起猝死。有关专家在对多名猝死患者分析后发现，睡眠呼吸暂停是引起夜间猝死的元凶之一。中风多发生在夜间。研究发现，睡觉时打鼾及呼吸暂停可增加脑血管病的发病率及死亡率，53% 以上男性脑血管患者有长期习惯性打鼾史，35% 的患者脑血管意外发生在睡眠时，与打鼾和呼吸暂停密切相关。

（3）老年用户的止鼾枕使用体验调查。

为了解止鼾枕老年用户的基本特征，以及对现定型产品 4 的使用体验和使用需求，研究通过线下问卷调查的方式，对 24 名止鼾枕老年使用者进行了用户调查。调查者分别来自四个国家：欧洲地区的德国，美洲地区的美国，亚洲地区的日本和中国，这 24 名使用者包括：经医院渠道呼吸科医生推荐、有睡眠呼吸症状的试用用户 8 名；在美国独立网站留言并有购买意向的潜在用户 4 名寄给其试用并发问卷，最后电话回访；在养老院的试用用户 7 名；设计公司员工推荐亲友试用的一般用户 5 名。问卷内容主要从产品体验、产品材质、产品需求、使用方式、应用场景、价格、品牌等方面进行设置。问卷调查得出以下结论：

①现有止鼾枕自带枕头的高度不可调节，感觉不舒服。66% 的用户觉得枕头高度高了，21% 的用户觉得枕头高度低了。

②老年用户感觉控制盒过大，放在床头柜上不方便，需要寻找半天才能找到按键。65% 的用户希望控制盒变小，可放在床上可触及的位置。

③81% 的被调查用户最关注使用效果，还有用户询问，如果同床两个人都打鼾，会不会影响止鼾枕工作效果。

④ 76% 的用户觉得蓝牙每次对接都不太方便，每天使用时还要重新对接。应用程序的界面字太小，看不清，而且学习起来比较费劲，希望学习起来简单易学。应用程序的数据也不太能完全看懂。

⑤ 72% 的用户希望止鼾枕有颈椎按摩加热功能，能舒缓颈部压力，缓解颈椎酸痛。

综上，根据对止鼾枕使用体验的调查可总结得出：首先，在功能上更加适老化，如增加模块化操作的方式、增加局部热疗按摩功能、减少娱乐功能等是现有产品须重视的问题；其次，老人希望简化止鼾枕的交互模式，使操作更加方便；最后，老人希望和家人更好地交流止鼾枕的使用经验。

（4）老年止鼾枕用户的访谈。

基于问卷调查得出的用户关于止鼾枕的高度可调节、应用程序适老化、按摩加热、产品控制盒尺寸等关注点，进一步对 3 位购买了止鼾枕的老年人开展深度访谈，目的在于更加了解止鼾枕的使用体验、用户痛点及需求。3 位老人在不同程度都患有睡眠打鼾疾病，日常使用止鼾枕的频率较高，每周使用 7 ～ 9 次（含中午），对于止鼾枕的主要需求是减少、减轻打鼾。根据 3 位老人的描述，在家中使用止鼾枕时，最常使用的功能是止鼾，但是没有高度调节，止鼾枕不是嫌高就是嫌低，有时自己想调高只能在下面垫东西。同时，设备也有一些用不到或者不常用的功能，如蓝牙、应用程序的听音乐助眠功能。其中两位老人觉得，控制盒尺寸过大，放在床头柜上不方便。交互方面是老年用户集中反映的缺点之一，觉得蓝牙每次对接都不太方便，每天使用时还要重新对接。应用程序的界面字太小，看不清，而且学习起来比较费劲，并且不喜欢应用程序的方式，询问能不能直接使用按键式的交互方式。老人对现有应用程序的交互模式不熟悉，经常出现不会操作、误操作等现象。根据一位老人反映，由于止鼾枕需要连接手机应用程序才可以操作，而自己对手机操作又不熟悉，经常出现连接不上或操作不当的情况。所以，希望止鼾枕在交互方面做到简单易操作。而在止鼾枕的外观材料的选择与设计方面，老人希望产品外观的材料设计柔软、易清洁，能够体现高端感和价值感。最好外枕套有深色和浅色多套，可以更换。

综上，根据对 3 位老人的访谈总结得出：①在止鼾枕的高度上增加调节功能，使用体验更舒适灵活；②老人希望在应用程序交互功能上更加适老化，如增加模块化按键的方式，使操作更加方便；③增加局部热疗按摩功能、减少娱乐功能等是现有产品亟须重视的问题；④希望控制盒变小，可放在床上，位置可顺手摸到；⑤老人希望每次使用止鼾枕时不用重新对接蓝牙；⑥最后老人希望，在老人与老人、老人与家人之间能有机会更好地交流止鼾枕的使用经验。

（5）老年用户基于 KANO 模型的需求分析。

根据上文的问卷调查与用户访谈，基于 KANO 模型对老年用户的止鼾枕使用需求进行分析（图 5-31）：基本型需求为更为优质的无噪声止鼾体验，其中包括枕头高度可调、产品形态更符合头部人体工学；无差异型需求为易脏部分可更换设计，产品材质与用料以实用、易清洁为目标；反向型需求为使用蓝牙、应用程序界面繁杂等不常用功能；期望型需求为缩小控制盒尺寸，产品的交互方式更加简单易懂，最好模块化控制；兴奋型需求为增加头颈加热按摩、牵引舒缓颈椎等功能。

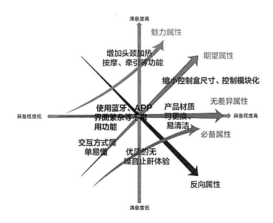

图 5-31　老年用户对止鼾枕的 KANO 模型分析
资料来源：笔者自绘

①基本型需求。

在止鼾枕的基本型需求方面，老年用户需要更加优质的无噪声止鼾体验。产品应将止鼾效果、枕头设计形态更符合头部人体工学设计，增加可根据不同需求调节枕头高度等符合老年人使用需求的功能。

②无差异型需求。

外观造型方面，老年用户偏向设计简洁、整体包裹紧密的止鼾枕。枕芯吸湿、透气，柔软舒适。产品配色以深色为宜，用料上倾向于耐用、易打理的材质，易脏部分如枕套等部位采用可更换式设计，方便老人及时清理。

③反向型需求。

老年用户在使用新产品新功能时，会下意识地产生抵触感和焦虑感，害怕因操作不当而损坏机器。适合老年用户的止鼾枕在交互方面应该简单明了，降低操作难度，使体验更加纯粹。应用程序界面繁杂，蓝牙接入音乐助眠、互联网等老年人不常用功能，会导致其难以得到优质的使用体验。

④期望型需求。

老年人希望每次使用止鼾枕时不用重新对接蓝牙。在功能上更加适老化，如增加模块化操作的方式，简化操作流程，希望控制盒缩小尺寸，可放在床上，位置可以顺手摸到。最后，家人与老人之间能有机会更好地交流止鼾枕的使用经验。

⑤兴奋型需求。

由于多数老年人的颈椎等部位的生理机能出现不同程度的下降和衰退，针对患有不同病症的用户，按摩头部等进行适老设计优化，增加加热（热敷）、按摩牵引，舒缓颈椎酸痛。对头、颈按摩区域细分按摩力度等级，满足不同部位的按摩需求。

（6）止鼾枕产品的适老化设计。

设计按摩椅时需要充分考虑产品的通用性，在细节处为老年用户考虑，帮助其克服对新产品的抵触心理，使用户快速上手产品。通过对止鼾枕老年用户调查分析，总结出以下 5 点适老化设计原则：

①止鼾枕功能设计兼顾老年人共性特征和个性需求：枕头设计形态更符合头部人体工学设计需求，同时兼顾不同年龄及不同性别的用户，止鼾枕最好都有高度调节功能，最后的设计采用三级乳胶垫层设计（图 5-32）：初始枕高约 11 厘米，建议 170 厘米以上身高段的用户使用；减少一片垫层后枕高 9 厘米，建议 160 ~ 170 厘米身高段的用户使用；减两片垫层后枕高约 7 厘米，建议 160 厘米以下身高段用户使用。人体工学设计贴合不同身形的颈椎生理曲线，保证睡眠时颈部得到全面承托，达到健康睡眠的目的。

初始枕高 ≈ 11cm　　　　初始枕高 ≈ 9cm　　　　初始枕高 ≈ 7cm

建议 170 cm 以上身高段　建议 160 ~ 170 cm 身高段　建议 160 cm 以下身高段

图 5-32　适应不同需求的可调节枕头高度

②人机工程设计充分考虑老年人心理和生理机能（图 5-33）。

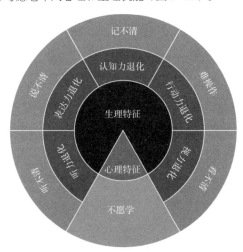

图 5-33　止鼾枕的人机工程设计体现
资料来源：笔者自绘

止鼾枕人机工程设计体现在心理和生理两方面。

从心理方面考虑，老年用户学习认知的能力随着年龄的增长逐步下降，止鼾枕的整体设计应以降低老人的学习成本为目的，遵循产品易用性原则，避免老人在使用过程中出现不会用、不敢操作的情况。老年用户初次使用产品时，应提供相应的说明、文字介绍，并安排客服人员及时跟进，做到出现问题及时解决。

从生理方面来看，设计者应重点把握老年人群的身体尺寸和实际操作范围。老年用户感觉控制盒过大，放在床头柜上不方便，难以找到按键。老年人群的身体机能下降，实际操作半径小于年轻人的操作半径，希望控制盒变小，可放在床上顺手摸到的位置，可以随时开关。设计师将操作控制盒在不影响气泵功能的情况下改小尺寸，设置于老人一臂可达范围以内，适当地缩短气管的长度。前文中提到增加的外设，可设置在产品两侧，老人在不离开床的状态下可将外设加至预留位置。

③交互设计符合老年人认知特点与能力。

由于老年用户学习能力下降和止鼾枕应用程序的功能繁多，应用程序的界面字太小，看不清，而且学习起来比较费劲，希望学习起来简单易学。应用程序的数据也不太能完全看懂，导致老年用户很难完全了解和掌握新产品的使用方法。设计师应该在降低认知难度的同时，简化产品符号及操作流程，加入引导信息，必要时可以添加语音提醒。经过激烈的讨论，最后在这款老年关爱止鼾枕的控制器设计理念上，设计师大胆放弃了应用程序功能的使用，采用纯机械按键控制（图5-34、图5-35），即选择手持式控制器的方式进行操控，将按键数量减少到最小：两个。控制器有足够范围的数据显示界面，避免臃肿的功能排列。最常用的功能安排在最显眼的位置以减少误操作。针对老年用户的止鼾枕控制器，设计者使记忆负担最小化，提高功能适应性，操作简易化，帮助老人减少做出选择的次数，为其解决学习障碍，消除使用焦虑感。

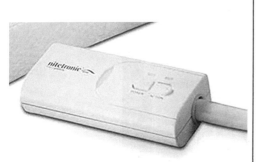

图 5-34　止鼾枕控制器

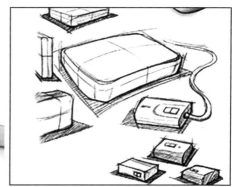

图 5-35　止鼾枕控制器设计草图

④在止鼾主功能的基础上增加老年人真正需要的功能。

经过前面的分析，老年人的兴奋型需求是：老年人的颈椎等部位的生理机能出现不同程度的下降和衰退。针对患有不同病症的用户，按摩头部等进行适老设计优化，增加加热（热敷）、按摩牵引，可以舒缓颈椎酸痛。可以加宽椎间隙、扩大椎间孔，使整复椎体滑脱，解除神经压迫。对头、颈按摩区域细分按摩力度等级，满足不同部位的按摩需求。缓解肌肉紧张，恢复颈椎活动。

⑤外观设计符合老年人审美偏好和现代家居环境。

老年用户的床上用品简洁保守，止鼾枕的造型风格方面不宜过于复杂，宜与其他床品形成呼应。可将止鼾枕的比例调整至更加适合老年人的尺寸，整合外观线条，使设计更加统一。在色彩选择上也相对保守，在为产品配色时多采用咖色、藏青色等深色作为主色调，使用米色、浅红色等暖色进行搭配，外枕套深色和浅色多套，采用双向大开口拉链设计，方便更换。产品外观材料纯棉制造，设计柔软，易清洁，能够体现高端感和价值感。

分型产品 5 为便携止鼾枕垫（图 5-36），价格 700 元左右，亦从以下几方面展开。

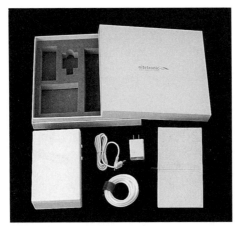

图 5-36　便携止鼾枕垫

　　（1）市场需求方面。这款产品主要定位于国内一、二线城市的礼品消费人群和国外欧美便携市场，产品定位便携、轻便、小巧。根据前期市场调研，在不同的扩散域中，虽然采纳群体大相径庭，采纳群体不同的需求经过合并却带来了统一的结果。

　　在前期市场调研发现，"微信营销是基于新媒体时代网络经济更能够满足用户需求，给用户的生活带来便利的基础上而产生的新营销模式。这种营销方式是伴随着微信成为广大民众生活中离不开的产品，并对其产生依赖性而兴起的一种新型网络营销方式。微信营销可以跨越时空，实现无障碍交流。用户基于需求注册微信后，可与周围环境中注册的'朋友'建立一种新的关系，甚至这种新关系可以实时进行互动。商家也可以通过用户的信息分析用户群体，对其进行有效营销"。

　　"微信营销的最大优势是可持续性，而这种可持续性是以微信的点对点方式为基础的。在这种营销方式中，打破了传统营销中顾客处于戒备状态的固有态势。产品成了交流的纽带，联结着买卖双方。基于产品而产生的互动交流，使得这种关系越来越紧密，买卖双方达成的最重要的要素是朋友间的信任。"经过前期市场调研和商业接触，我们选择草根大 V 直推和微信群营销的方式。罗杰斯认为，人际传播渠道也是一个人劝服另外一个人接受创新的有效渠道。意见领袖群体也呈现出较为明显的"草根化"趋势，用户拥有更为低廉和影响力更大的传播平台，也为普通民众提供了成为意见领袖的机遇。我们发现，无论是草根大 V 还是微信群主，对止鼾枕的评价都很高，粉丝也都评价很高和喜欢，但因为售价在 3000 元左右，比较不易被接受，这就和采纳群体很有关系。经过调研分析，微信群比较能接受的价格多在 1000 元以内，最好价格在几百元。用户的第一需求是礼品需求，比如送亲友或单位福利，第二需求是产品外观，第三需求是便携性，第四需求是操作简易。

同时，对欧洲及北美市场的调研（独立网站、电话访谈）表明，除了对定位高端的功能齐全这一需求最大外，产品定位便携、轻便是欧美的第二大需求，调查结果的需求量与第一需求的很接近。这和欧美受众喜爱旅行度假的生活方式密切相关。

以上述不同市场需求分级以及价格敏感性为依据，设计相应的优化路线，从而确定不同的优化选型。优化策略首先从设计类型和实现手段出发，将具体设计优化目标根据核心功能、使用体验、应用场景等三个主要方向的介入程度不同进行实现手段的界定，而后确定设计的总体技术路线，同时进行产品改造成本的概算和控制。优化路线由于参照了创新路径及工作分类的限定范围，尽可能将优化创新工作围绕产品基础构型开展，只在核心功能改造部分预留了较重度的开发工作量和预算冗余。

（2）产品分型优化设计方法。

通过微信和欧美市场的调研，需求合并开发出一款具有一定止鼾功能、方便旅行携带和用于礼物赠送的止鼾枕产品。在核心功能方面，为了减小产品的体积，优化去除了自带的乳胶枕，改用带折叠功能的便携气垫，使用时将折叠气垫放入宾馆酒店枕头下方，用枕套包住枕头和枕垫后放置于床上使用。考虑到改造成本和预算控制，取消了枕头里的位置传感器，保留了鼾声传感器，优点是成本大幅降低，缺点是不能精确识别头部位置。由于需要满足产品体积的限制，内置气泵的控制盒变小，内部的控制模块变小，设备集成设计更紧凑。在使用体验方面，为满足礼物赠送需求，外包装盒直接礼品化精装设计，采用方形盒型，外包雅纹艺术纸，选择 LOGO 字体烫银设计。控制盒采用简洁白色长方体造型，给人简洁、明快的治愈形象。便携的需求改变了气泵的容积和气管的粗细，考虑到气管的外露与美观，采用了透明 PU 气管。增加了旅行包装 PVC 防水布多口袋设计，增加了产品的便携性和外带兼容性。保留应用程序的交互功能，使止鼾功能可视化。最后，宣传则根据用户需求场景、应用场景、业务场景的不同而分在微信、小红书、知乎、抖音、快手、天猫、京东等不同的扩散系统中，制定推广策略和投放广告设计等（表 5-21）。

表 5-21 便携款创新路径及工作分类

设计优化指向	设计类型	面向目标	工作模块	设计内容
核心功能	技术研发	产品性能	工业设计	无需枕头，增加折叠板，取消位置传感器，保留鼾声传感器，控制模块变小，电路板变小，设备集成设计更紧凑。
使用体验	外观及交互	产品性能	视觉设计	外观礼品化，产品造型简洁明快，气管变精致，增加旅行包装设计，应用程序（App）交互界面设计。
应用场景	市场拓展	扩散系统	市场推广	通过微信、小红书、知乎、抖音、快手、天猫、京东，推广策略制定、投放广告设计等。

（3）便携产品的使用。

该枕垫建议配合乳胶枕、软纤维枕等能方便头部转动的枕头使用，可以购买推荐枕头及相配套的枕套。把气管不带接头的一端插接在控制盒接头上。气管另一端插入枕垫气管约 1 厘米，然后把枕垫长度方向与枕头长度方向一致并放置于枕头下方，用枕套包住枕头和枕垫后再放置于床上。把充电线的 USB 头插入充电器，并把充电器插入电源插座，把充电线另一头插入控制盒。打开控制盒电源，就可以使用了（图 5-37、图 5-38、图 5-39）。

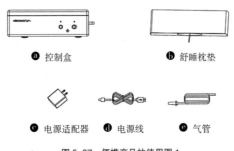

ⓐ 控制盒　　　　　　　　ⓑ 舒睡枕垫

ⓒ 电源适配器　ⓓ 电源线　ⓔ 气管

图 5-37 便携产品的使用图 1

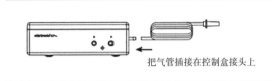

图 5-38　便携产品的使用图 2

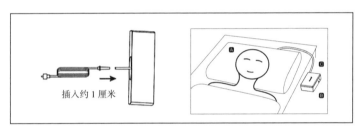

插入约 1 厘米

图 5-39　便携产品的使用图 3

应用程序下载及连接：从应用程序商城华为应用市场或百度手机助手查找"NT 睡眠"，下载安装。点击"配对设备"可连接产品，显示蓝牙连接后可点击"时间区域"来设置记录时间区间。可点击"动作状态"来激活或者不激活枕头（图 5-40）。

图 5-40　配对设备说明

不激活状态下，枕垫仅仅监测睡眠及鼾声，没有减少打鼾的作用；激活状态下，枕垫正常工作。滑动"灵敏度等级"及"充气高度"处的蓝点，可以调整舒睡枕垫的灵敏度及充气高度，以达到感觉最舒适的状态。

报告及有效性：

点击底部的"报告"，可查看按日、周、月的报告，在日报告中可滑动切换日期，并点击相应的日期进入当日报告。点击底部的"有效性"，可以看到枕垫减少打鼾的效果（图5-41）。

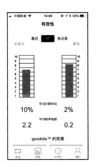

图 5-41 "NT 睡眠"的报告及有效性

使用的其他注意事项：

装有颅内电极或心脏起搏器患者，不能使用；

严重颈椎病患者不建议使用；

有严重呼吸暂停综合征的患者，应咨询医生后使用；

产品内部不能进水。

（4）便携止鼾枕垫的常见问题调查统计及回应。

问：便携止鼾枕垫在使用过程中，是否需要每天开关电源？

答：无需每天开关电源。便携止鼾枕垫是低功耗安全产品。

问：睡觉时，便携止鼾枕垫控制盒放置位置？

答：便携止鼾枕垫控制盒不需要离头部很近，只需要正常地放在床头柜上就可。

问：便携止鼾枕垫平时工作是否需要打开应用程序？

答：便携止鼾枕垫平时工作不需要打开应用程序。在需要以下功能时可以使用应用程序：调节鼾声识别灵敏度、调节气囊充气程度等智能舒睡枕垫工作参数；检测睡眠数据和止鼾有效性验证；睡眠数据的远程报表发送。

问：在无应用程序的情况下如何检测便携止鼾枕垫是否有问题？

答：关闭控制盒电源开关，用手按住蓝牙按钮不放，同时打开电源开关，保持 2 ～ 3 秒后松开蓝牙按钮。这样，便携止鼾枕垫进入演示模式，气袋会充气，之后放气，接着气袋再充气，再放气。如果枕芯厚软，目视不一定看得出，需要用手感知。退出演示模式的方法是：关掉电源后重新打开电源。

问：有睡眠及减少打鼾数据的记录吗？

答：第一次记录数据前，需用应用程序连接便携止鼾枕垫，并检查配置，确认计划的晚上记录时间（比如 22：00 ～次日 7：00 等），之后应用程序可断开或保持连接。断电后需要重新用应用程序连接便携止鼾枕垫，连接后可以断开应用程序，否则便携止鼾枕垫会没有数据记录。

问：我在便携止鼾枕垫旁播放录制的鼾声，为什么便携止鼾枕垫没有反应？

答：便携止鼾枕垫系统调成在真实打鼾的睡眠环境下工作，如果只是简单地播放鼾声或模拟鼾声，往往达不到好的识别效果。

问：便携止鼾枕垫充气高度可以自行调整吗？

答：充气高度关系到减少打鼾的效果及舒适度。一般情况下，较高的充气高度会提高减少打鼾的效果，但可能会造成感觉不舒适。如果感觉不舒适，可以在应用程序的"配置"页面滑动"充气高度"处的蓝色亮点调低充气高度。在较低的充气高度下使用几天后，可试着调高充气高度，以得到最佳的减少打鼾效果，同时感觉比较舒适。

问：便携止鼾枕垫的灵敏度如何选择？

答：灵敏度关系到减少打鼾的效果及误动的可能性。一般来说，较高的灵敏度会提高减少打鼾的效果，但也可能较易受到环境噪声的影响而出现误动。建议采用系统默认的中等灵敏度，并根据个人情况及环境噪声水平来适当调整灵敏度。具体调整方法是，在应用程序"配置"的页面滑动"灵敏度等级"处的蓝色亮点调整。

问：便携止鼾枕垫可以替代 CPAP 呼吸机吗?

答：当使用 CPAP 呼吸机（带有持续正压通气呼吸面罩，用于呼吸暂停综合征）时，便携止鼾枕枕垫可以作为辅助的用品，但不能替代 CPAP 呼吸机。关于 CPAP 呼吸机使用，请咨询专业医生。

分型产品 6 为便携止鼾枕 MINI（图 5-42、图 5-43），价格 700 元左右。

图 5-42　便携止鼾枕 MINI 产品实物

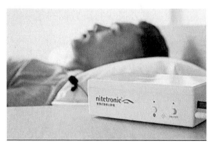

图 5-43　便携止鼾枕 MINI 产品实物

（1）市场需求方面。根据前期调研和对欧洲、北美市场的调研深入分析（独立网站、电话访谈），除了对定位高端的功能齐全的需求最大外，定位便携、轻便的产品是欧美的第二大需求，调查的结果需求量与第一需求很接近，这和欧美受众喜爱旅行度假的生活方式密切相关。深入调研旅行度假方式，露营文化在欧美融入了很多人的平常生活。据不完全统计，美国每年有 300 多万人有自驾游的经历，200 多万人选择背包＋徒步露营。在美国，人们早已将露营当成一种放松精神、展现个性、释放心灵的休闲生活方式。由于工业化和城市化的迅速扩张，城市被噪声、拥挤、焦虑所充满，无处不在的规则感，让人有点喘不过气来。这时候，背上背包，收拾行囊，投入大自然的怀抱，欣赏独特风光，泛舟湖上垂钓，围坐篝火畅谈。从西雅图到纽约，从黄石公园到大峡谷，露营已经成为美国文化中不可或缺的一部分。徒步露营需求开发一款轻便、小巧、便于背包客携带的止鼾枕，它和定型产品3的最大区别是配备适合户外旅行的MINI枕头。

（2）产品形态设计方面（见图5-44），包括：①便携止鼾枕MINI：a.止鼾垫，b.控制盒；②使用手册、合格证；③电源适配器；④外置麦克风；⑤真空压缩枕芯；⑥枕套。

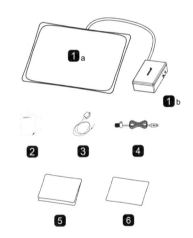

图5-44　便携止鼾枕MINI产品清单图

便携式智能（止鼾）枕内部结构是内套、动作装置、舒适保护层（图5-45）。

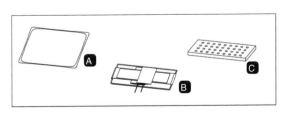

图5-45　便携止鼾枕MINI产品枕头结构图

（3）便携止鼾枕 MINI 的功能描述：

便携止鼾枕 MINI 是一款能够帮助减少打鼾和通过应用程序检测睡眠的智能枕头。便携止鼾枕 MINI 能够持续监测使用者的呼吸声。当它检测到鼾声时，能够自动推动头部轻缓地侧转。头部的侧转增加了舌头与喉咙的间隙，从而阻止了上呼吸道软组织的振动，减少打鼾并改善呼吸。便携止鼾枕 MINI 的内置气囊会在一定时间内保持充气状态，以将头部保持在最佳位置，防止再次打鼾。

便携止鼾枕 MINI 仅针对使用本产品的患者做出反应，很少会由于伴侣无意识的动作而启动。便携止鼾枕 MINI 和伴侣的枕头之间应保持 10 厘米的距离。

使用者可以通过应用程序来设置不同的鼾声识别敏感程度和止鼾枕充气高度，以优化便携止鼾枕 MINI 的功能。

使用者能够通过安卓或苹果系统的智能手机下载应用程序来测试便携止鼾枕 MINI 的有效性和睡眠质量。

（4）便携止鼾枕 MINI 的使用方法（图 5-46、图 5-47）。

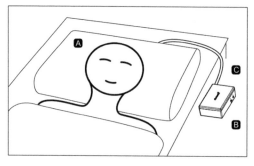

图 5-46　便携止鼾枕 MINI 控制盒外观图

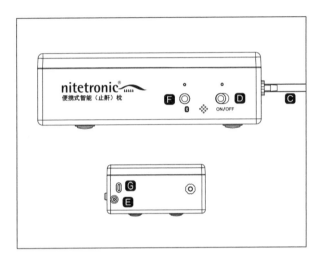

图 5-47　便携止鼾枕 MINI 控制盒外观图

A.枕头在床上的正确位置；B.控制盒；C.气管；D.电源开关；E.电源适配器插口；F.蓝牙按钮；G.外置麦克风插口。

①拆开真空压缩枕芯，并将其放入枕套。

②将智能枕止鼾垫 a 放入枕套并置于枕芯下方，注意将"NT"面向上，调整好放到床上。

③连接电源适配器和控制盒 E，并将外置麦克风 USB 连接到 G。

④打开电源开关，枕头即进入工作模式。

⑤如需配合应用程序使用，参照智能手机的"NT 睡眠"应用程序的相关说明。

请确保便携止鼾枕 MINI 在干净、低潮湿的环境下使用。灰尘和潮湿会影响产品的使用寿命和功能性。

便携止鼾枕 MINI 的初次使用：将便携止鼾枕 MINI 像普通枕头那样放置在床上（A），把控制盒（B）放在床柜上。气管（C）因为连接着气泵，所以不要强行折弯。将电源适配器接头插入控制盒（B）的电源插口（E），开启电源开关（D），指示灯变绿，此时便携式智能止鼾枕即可正常工作。便携式智能止鼾枕亦可配合手机应用程序使用。

如果应用程序要求打开蓝牙，请按下蓝牙按钮（F）。请下载应用程序并参考使用说明以连接蓝牙。

如果将便携止鼾枕 MINI 连接上了智能手机，蓝色的蓝牙 LED 灯将亮起。

请确保睡眠时头部在枕头上，便携止鼾枕 MINI 仅针对使用者起效。

如果在有噪声的环境中，建议使用外置麦克风，插入外置麦克风插口（G），可灵活放置麦克风靠近头部上方，以取得更好的止鼾效果。

便携止鼾枕 MINI 的故障排除：如果止鼾枕 MINI 无法工作，请检查电源插头是否已连接且绿灯熄灭、头部是否在枕头上、打鼾的声音是否由使用者发出，或者与应用程序连接的止鼾枕 MINI 操作设置不正确。应用程序的正确设置是："启动"设置为"打开"—"记录时间"设置正确。

（5）适用于智能手机的"NT 睡眠"应用程序（见图 5-48）。

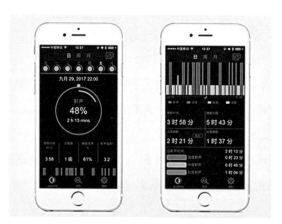

图 5-48　"NT 睡眠"应用程序界面图

"NT 睡眠"应用程序适用于安卓（5.0 或以上版本）和苹果智能手机。使用者可以通过"NT 睡眠"设置便携止鼾枕 MINI，检测和分析睡眠质量，并判断产品的止鼾有效性。便携止鼾枕 MINI 的功能会不断完善，用户可以通过"NT 睡眠"升级固件。

确定便携止鼾枕 MINI 有效性的原则是，比较枕头在"激活"和"不激活"状态下的夜间相对打鼾时间（以百分比表示）。

①将"激活"设置为"关闭"，记录睡眠情况。进入"goodnite"并将"激活"设置为"关闭"。在此配置下使用便携式智能止鼾枕几晚的时间，以便在用户的鼾声配置文件上生成"基线"。即使检测到鼾声，枕头也仅会检测用户的睡眠状况而不会采取措施。

②将"激活"设置为"打开"，记录睡眠情况。进入"goodnite"并将"激活"设置为"打开"。在此配置下使用便携式智能止鼾枕几晚的时间，以便便携式智能止鼾枕启动止鼾功能，生成专属鼾声配置文件。

注意：确保使用"NT 睡眠"应用程序正确设置"记录时间"！建议"记录时间"设置为睡前到计划醒来之前的 1 ～ 2 小时。

开始使用：

下载"NT 睡眠"应用程序，并保持智能手机上的蓝牙开启，打开控制盒电源开关。

根据应用程序上的"连接向导"，将便携止鼾枕 MINI 连接到应用程序。

如果应用程序要求连接手机，按下控制盒上的蓝牙按钮（F）；如有新固件，请根据提示升级，需要 5 到 10 分钟。固件安装完后，会有信息提示再等数秒，直至控制盒上的指示灯不再闪烁。完成后请关闭电源开关，然后再次开启，再次点击应用程序连接到便携止鼾枕 MINI。如果升级成功，"goodnite"页面会显示最新升级后的固件版本。

数据记录：

确保将便携止鼾枕 MINI 设置为激活（或不激活）并设置记录时间。在暗屏、断开蓝牙甚至关闭手机电源的同时，便携止鼾枕 MINI 也会自动记录数据。第二天早上打开应用程序并通过蓝牙连接至便携止鼾枕 MINI，前一晚的数据会在 1 ～ 2 分钟内同步至应用程序。

5.3.3 智能止鼾枕的评价与反馈

（1）止鼾枕电商渠道客户评价词频分析

在数据分析领域，有各式各样的分析方法可以帮助设计师提升产品设计能力。本研究将会围绕电商平台，结合词频分析技术做相关的分析。词频分析（word frequency analysis）是对文本数据中重要词汇出现的次数进行统计与分析，是文本挖掘的重要手段。它的基本原理是通过词汇出现频次多少的变化，来确定热点及其变化趋势。在高档款智能止鼾枕的投放平台——京东和天猫，词频分析的对象是商品售后的客户评价等文本内容，对商品画像领域意义重大，是后期产品迭代和优化的最重要依据之一。

基于电商渠道数据，京东、天猫关于定型产品 1 高档款智能止鼾枕的客户评价分析过程是：我们先使用第三方数据采集程序抓取京东（2000+）天猫（2000+）所有客户评价，并将其导入到数据库或者 Excel 表格中，然后筛选掉无研究价值的内容和评论，例如：很赞、很好、很满意和没毛病等，选取对研究有意义的内容。分析表格包含用户名、评论日期、内容等（表 5-22）。

表 5-22 数据采集程序抓取的京东、天猫客户评价节选

z***2	2021-01-04 21:21	物流很快，质量很好，原来担心声音会很大，用了才知道基本没有什么声音，效果还是挺明显的，睡眠质量提高很多，起床后不再有脑袋发木的感觉了！
雪 ***6	2021-01-02 20:09	老爸打呼噜一直很厉害，经常会憋着一口气半天没动静，旁边人听着心都提着。买了这个枕头好多了，一打呼噜就会自动充气把头偏向一边，呼吸就顺畅了。老爸这两天睡觉也很香，枕头工作不会影响睡眠。
u***y	2022-05-08 20:46	确实抱着试试的态度，用了一段时间确实很好，能改善睡眠，没用之前打呼噜很厉害，早上起来不精神，用了一段时间，早上起来不头昏脑涨。
暮 *** 霜	2021-10-08 09:09	因为有鼻炎，就容易打呼噜，试了几天确实管用，再也不用担心打扰老婆的睡眠了，感觉睡眠质量也提高了很多。
****o	2021-08-16 19:15	很智能，可以监测睡眠时间、睡眠深度和晚上睡觉头部动作。结合 app 使用，方便查看睡眠数据，从而改善睡眠质量。
b***3	2021-08-18 00:50	用起来非常好，之前打鼾非常严重，每天睡醒后都很疲倦，睡眠质量不好。自从用了这个枕头后，睡眠质量明显提升，精力也比之前好了。
z***3	2022-02-08 22:17	非常不错，枕头很软很舒服，能抑制打呼噜晚上睡得香了，以前晚上总是憋醒，现在好多了。
怪 *** 半	2022-06-23 14:14	在小红书看到有姐妹分享，想到我家的那位，也是打呼噜，自己睡不好，家里人也睡不好。买来试试，使用很方便，就是不联网也可以使用，客服人员真的很认真！
****j	2022-04-16 20:22	买给妈妈用的，妈妈一直睡眠不好，打呼把自己打醒，醒来全身不舒服，用了呼吸机很不习惯，整晚都不能睡觉，抱着试试看的心态买了这个枕头，用了半个月再来评价。我妈妈说枕头睡着舒服，睡眠质量提高，关键是打呼把自己打醒的症状完全没有了，值得推荐。
****B	2022-01-10 22:38	首先是枕头很舒服，家人说是用着最舒服的一个，其次是止鼾效果真的很明显，一个枕头不仅能让使用者提高睡眠，还能让一个家庭的所有成员获得享受，真的是非常值得推荐的产品。希望厂商再接再厉，推出更优秀的升级。
法 *** 生	2021-05-17 16:50	已经用了一段时间了，现在回来评价一下，我平时打呼很厉害的，尤其是酒后，第二天早上嗓子干痒，非常难受。用了这个枕头后，第二天嗓子明显没有不适。这个枕头如果有别的颜色就更好了。
****l	2022-01-11 15:47	儿子长时间打鼾，到医院咨询必须做手术，治疗鼻炎、咽炎的药也用过了，效果不好。又不想做手术，因此寻求无创伤的办法，在京东上发现此枕头感觉不错，买来给儿子用，现在已使用一段时间，儿子告诉我这个枕头可以在他打鼾时及时调整他的睡姿，减少夜间打鼾，感觉很有用，从此不再吵醒家人啦！
T***9	2022-08-07 19:29	老爸打鼾很严重，尝试着买了这款止鼾枕，用了一个月左右，问妈妈说效果挺明显的，不像之前那样一直呼个不停；老爸也说并不影响睡眠，没有不舒服的感觉。物有所值，同时保障了两个人的睡眠。这样的产品会受用户的支持喜爱，也希望厂家继续努力研究技术，不断提高产品质量。
****x	2021-04-12 14:02	物流超快。用过几天，质量很好，这是一款智能止鼾枕，能智能监测到睡眠状态，全程静音无干扰，科学制止打鼾，自从用了这款智能止鼾枕，有了个健康睡眠。
****h	2021-12-18 20:21	止鼾枕头收到了，用了一段时间感觉很管用，绝不是说说而已，准备给家里人再买一个。
c***A	2021-01-11 12:02	因为本人打鼾声音很大，此前经亲戚介绍，用上这款枕头，用后感觉很好，不会再对家人影响，而且有数据监测，对产品很满意。
****r	2022-02-13 09:58	很舒服的枕头。对于鼾声也很敏感，睡眠质量得到提高。
B***4	2020-03-31 21:07	没什么实质的作用，完全不值这个价！
u***b	2019-05-28 10:21	用了一段时间才来写评论，确实有效果，因为睡眠时间一样，第二天的精神状态好了太多。真心不错！大赞！身边如果有朋友需要，我一定会推荐的！

芋***r	2020-06-23 12:06	618活动买的这款nitetronic德国智能止鼾枕，送给父母的礼物，物流很快，没有受618大促的影响，非常赞，用了两天，效果很明显，睡得非常安稳，大大的好评
s***r	2022-01-12 23:39	送朋友的，反馈还很好，说比呼吸机好多了。
****n	2022-09-06 18:21	枕头的效果还是非常不错的，有效止鼾，点赞！
u***5	2022-05-08 12:35	东西不错，本身就睡着很舒服，感觉还是有用的。
J***9	2019-03-18 19:39	用着还不错，对象一打呼噜，机器就有反应，呼噜声比以前少了很多，终于晚上能睡安生了，之前给对象买了很多种治打呼噜的，特别是那种震动，搞的他也睡不好，两个人还闹别扭，那是真的烦人！现在可以好好睡觉了。改天晒图。
u***t	2022-08-07 17:27	给男朋友的，效果还真心不错的，希望老板生意兴隆财源广进，哈哈。
****c	2019-01-14 11:30	很快就收到了，买给老爸用的，试了好几天，老妈说呼噜声是真的小了很多，也没有一直持续打呼了，而且乳胶的还蛮舒服。
s***g	2019-07-18 20:07	这枕头效果确实立竿见影，使用前后差别很明显。有时没睡着，屋内有杂音时，能感觉到气囊在动，很神奇。
u***3	2021-09-30 16:21	东西很不错的，比较静音不影响睡眠，不会被吵醒。
蓝***鸣	2021-06-12 23:11	枕头收到马上就用，手机能读取详细的数据，气囊动的时候幅度不大，不会影响睡眠，真的太好用了。
z***y	2021-09-21 12:39	客服服务很好，耐心回答问题，发货快。东西是买来送人发往异地的，我没看到实物，希望使用后有满意的体验吧。
s***住	2021-02-20 11:04	使用下来效果很好，打鼾有明显改善。不再影响我老婆的睡眠。
一***颖	2022-05-11 19:37	送朋友的，朋友很满意，客服小姐姐人很好，总是耐心地回答我的问题，而且回复很快。
u***n	2019-01-16 10:20	很快就收到了，还没试，看上去很高大上！摸了一下乳胶的蛮舒服。
****8	2019-01-02 16:51	很不错的枕头，直接就用上了。效果还有待观察，感觉挺舒服的。
****2	2021-06-27 23:36	给父母买的，双亲都很满意，没毛病。
****5	2019-03-18 19:05	物流好快，包装超级高大上，枕着很舒服，性价比超级高了！要再买一个送爸爸？
****e	2019-10-21 14:14	没想到，效果出乎我的想象。物有所值，非常棒。入手两个了，很喜欢。
二***月	2022-04-10 18:16	只在app显示是有检测到打呼，把灵敏度调到最高，打呼的时候枕头都没看见动过。
l***e	2021-12-07 13:54	全五星，非常好，有需要会再买。
哎***1	2021-03-09 18:44	非常好 这已经是买的第三个枕头了。
j***f	2020-12-07 19:27	今天整体看见都很好，还没来得及用。
****i	2021-01-19 13:47	效果还不错，也很智能。
g***5	2021-03-19 22:58	非常非常喜欢这种风格。
u***n	2019-01-24 19:13	这次因为年底物流没上次的快，服务还是很好的！又买了几个送人。
张***9	2020-02-18 20:39	质量相当不错，值得拥有。
W***9	2020-04-06 19:36	京东购物方便，物流也很给力。
j***g	2020-06-30 14:25	使用了一个月左右的时间再来评价，首先外观上看，很不错，面料的舒适感和枕头内部材料的舒适度都很好，唯一的遗憾是没有其他颜色可以选，跟我被套颜色不配，再从止鼾效果来说，之前有被憋醒过，用了这个枕头目前为止还没出现过，总结一下，还不错！
毛***5	2022-03-14 21:05	之前呼噜一直很想响，导致媳妇无法入睡，抱着试试的心态，目前试用三天了，效果还行，开始不太习惯，醒来会有落枕的感觉，脖子疼，今天好了，习惯了，呼噜通过华为健康监测，第一天还有轻微呼噜，第三天不打呼噜了，灵敏度可以通过app调节，调到最高的第一天，媳妇偶尔有轻微呼噜声也会触发枕头。目前试用来看，媳妇睡得也比较踏实了，我也觉得睡眠质量有提升，等再试用一段时间再来评价吧。

静态词频分析方法：静态分析指的是将抓取到的客户评价中关键词出现的频率，按照关键词出现数量的多少统计规律后进行汇总，最后按热度从高到低排序。将搜索排序前 100 的关键词词频分析结果保存在 Excel 表，并截取了前 20 的词汇，见表 5-23。

表 5-23　排序前 100 的客户评价词频分析中 TOP 20 的词汇

	关键词	比重	次数	词性
1	效果	0.164275887	58	名词
2	枕头	0.204063693	52	名词
3	睡眠	0.172211416	46	动词
4	不错	0.117312489	46	形容词
5	感觉	0.082884278	31	名词 / 动词
6	打鼾	0.133772529	26	动词
7	质量	0.065915468	24	名词
8	明显	0.046176553	22	形容词
9	舒服	0.04639815	20	形容词
10	时间	0.036735191	19	名词
11	产品	0.025915768	17	名词
12	希望	0.039471759	16	动词
13	确实	0.038014716	16	副词
14	使用	0.032106398	15	动词
15	影响	0.024558616	15	动词 / 名词
16	监测	0.044224939	13	动词
17	一段	0.038919421	13	数词
18	几天	0.033644783	13	数词
19	之前	0.024613865	12	名词
20	鼾声	0.048727397	11	名词

将上图中出现的词汇进行数据可视化,可以得到如图 5-49 的柱状图。

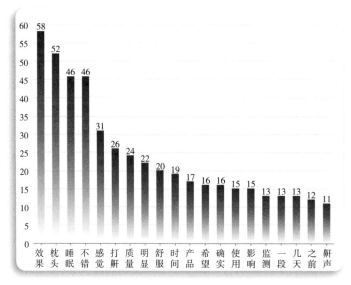

图 5-49　排序前 100 的客户评价词频分析中前 20 词汇的柱状图

从图表中可以发现:"效果""枕头"两个词汇出现频率最高,分别出现 58 次和 52 次,"枕头"属产品属性词,"效果"关键词频率出现最高说明客户最关心产品使用效果。所谓外观、颜色等关键词都未进入图表前 20,再次证明医疗保健产品的核心客户诉求(即卖点),是疗效。在此之后就是"睡眠""不错"这两个词,都是出现 46 次,其中"不错"属评价词,"睡眠"则是应用场景词。"不错"关键词的高频出现,说明客户对产品总体比较满意。后面排名 8、9 的关键词"明显""舒服",仍然是客户对产品比较满意的评价。

在这里尤其要关注排名 12 的关键词"希望",这是一个动词属性,"希望"后面的往往是客户希望产品后期的改进和功能提升,为产品后期优化指明了方向。后期需要设计师和产品经理排列出每一条"希望",并对之进行分析。例如其中一条是"希望效果更持续更明显"。在这里，"明显"这个关键词就需要设计师在应用程序界面设计时重点关注鼾声强度和止鼾枕干预后睡眠效率的可视化。柱状图后部"监测"这类词汇的出现，表明了产品的主要卖点与特色，也是值得关注的。

再看一下排序前 40 的关键词（见图 5-50）。

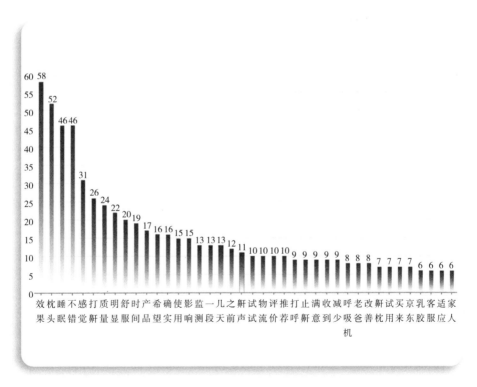

图 5-50　排序前 100 的客户评价词频分析中前 40 词汇的柱状图

与排名前 20 相比, 排名前 40 关键词中, "试试" 排名靠前说明, 作为创新产品, 其有相当一部分客户是创新扩散的创新者和早期采用者, 敢于冒险, 愿意尝试。创新者 (innovators) 具有冒险精神, 是新产品采纳的 "把关人"。而早期采用者 (early adopters) 则扮演着意见领袖的角色。设计师和产品经理尤其要仔细筛选关键词中包含 "试试" 的客户意见。获取创新者和早期采用者的认可是早期发展阶段的重中之重, 产品的未来命运基本也就在这个阶段决定。这个时期需要迅速获取创新者和早期采用者的反馈, 快速迭代, 或者说让产品设计尽早优化成熟, 让这两批早期用户喜欢上这款新产品。如果目标达成, 接下来通过这些早期用户的传播, 产品的扩散会达到临界点, 迎来爆发期。

这也是创新扩散理论指导新产品开发和发展的重要战略和设计方法的具体体现。这两批早期用户在京东、天猫上的客户反馈, 对后面的采纳者是否购买起着重要的决定作用。在这里, 大众传播 (互联网平台) 与人际传播是新观念传播和说服人们利用这些创新的最有效的途径: 大众传播 (互联网平台) 能有效提供信息, 人际传播可以改变人们的态度和行为。

	goodnite™	体位辅助器	止鼾牙套	鼻夹	止鼾枕
无副作用	✓	✓	✗	✓	✓
不会干扰睡眠	✓	✗	✓	✓	✓
舒适	✓	✗	✗	✗	✗
非植入性的	✓	✓	✗	✗	✓
高效的	✓	✗	✓	✗	✗

图 5-51 与其他止鼾产品的比较图

图表中除去一些正面评价，如"推荐""止鼾""满意""减少""改善"等，值得注意的是关键词"呼吸机"，这说明客户关注该产品的另类竞品。这时，设计师和产品经理要做好止鼾枕和呼吸机一类的止鼾产品的竞品分析，无论是在产品设计上还是广告宣传上，要让客户对止鼾枕独特产品特性一目了然（图5-51）。例如呼吸机的缺点有：①离线困难。如果患者长时间地戴呼吸机，可能会对呼吸机形成依赖性，容易造成人体呼吸肌废用性萎缩，从而导致离线困难，容易影响患者自主呼吸的能力。②受到感染。在戴呼吸机的过程中，如果操作不当或者对呼吸机消毒不彻底，容易导致细菌滋生，进而导致患者受到感染，并可能会加重病情，不利于患者身体的恢复。

图5-52　客户评价排序前100的关键词词云图

　　排名再往后的"老爸""家人"等购买用途的关键词，指出了产品的部分礼品属性。"京东"关键词的出现，指出了客户购买的主要的电商平台，以后厂家要在重点平台上加大各方面的投放力度。"乳胶"关键词的出现，说明客户认可乳胶作为枕头的主要材料特性的卖点与特色，有较好的客户体验。

　　除了以上词频分析的方法，还可以产生"词云图"以进行静态分析。"词云"由美国西北大学新闻学副教授、新媒体专业主任里奇·戈登（Rich Gordon）于2006年最先使用。"词云"就是通过形成"关键词云层"或"关键词渲染"，对网络文本中出现频率较高的"关键词"进行视觉上的突出。

在生成"词云图"时，结合的数据仍然是客户评价排序前 100 的关键词词频分析数据，通过使用编程语言对所有的关键词文本词汇进行梳理，就可以得到如图 5-52 所示的"词云图"（这里的"词云图"只是为了内容展示需要，在真实的运营场景中，运营者不需要特意做一份"词云图"，只需要理解词频分析的内部逻辑即可）。

如图 5-52 所示："词云图"中越突出（字号越大）的单词，其出现频率就越高，例如效果、枕头、睡眠、不错、感觉、打鼾、明显、舒服、质量等词就是高频率词，这与上文中的词频分析结果一致。"词云图"属词频分析，是一种视觉上的展现方式，其分析结果与词频分析柱状图分析的结果一致。

（2）止鼾枕产品投放的扩散效能检验

电商渠道数据反馈与汇总及时，可以较快达成扩散稳定期，与移动互联网等事件营销手段相比，具有较好的产品生命期表达特征。因此，检验采用将两类不同产品线的迭代产品通过移动互联网与电商扩散渠道进行交叉实验对比。其中，选取试制型号与原型后，均采用新开账号等独立电商渠道以孤立投放方式进行对照扩散检测。检验时间设定为 40 天，可涵盖一般消费群体的月均收入区间并预留适当冗余，从而避免因短促实验周期导致的消费能力波动而影响检验。检验数据以当日达成采纳为 N_0 计，次日新增采纳为 n_1 计算，次日累计采纳为 N_1，次日历史总采纳数 N_{t+1}。变量定义见表 5-24，数据汇总具体统计情况见图 5-53。

表 5-24　GN-06 与 GN-06-EX 数据变量定义

变量名	GN-06	GN-06-EX
当日采纳	N_1	N'_1
次日新增采纳	n_1	n'_1
总采纳数	N_{t+1}	N'_{t+1}

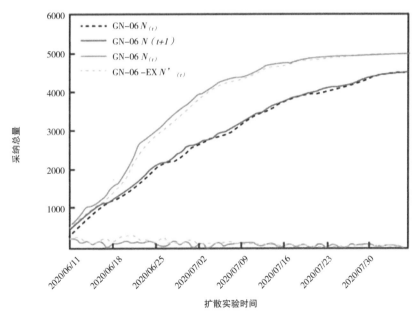

图 5-53　GN-06 与 GN-06-EX 对照组扩散实验

从图5-53可知，经过针对性体验改进优化，虽然部分迭代产品相较原有产品的扩散表达，在日新增采纳数量 n、t 等项上两者不存在明显变化，可知对照组的新增采纳区别不显著，但试制型号型产品表现出上升趋势。且该实验共计达成试制型号 GN-06 采纳数 4605 件，试制型号 GN-06-EX 采纳数 4952 件，最终实现了 15.8% 的总采纳提升，从而证明，需求的改进升级提升了用户的新增采纳概率与模仿采纳概率，进而使用户的自发扩散行为具有更好的实际采纳转化效果。

通过电商渠道新建账户的方式，将原有 20 ~ 40 岁用户群体作为基础扩散数，进行了体验改进策略的扩散。总实验周期为 60 天，涵盖 2 个月度周期，总共达成采纳数 3325 件。具体数据统计见图 5-54。

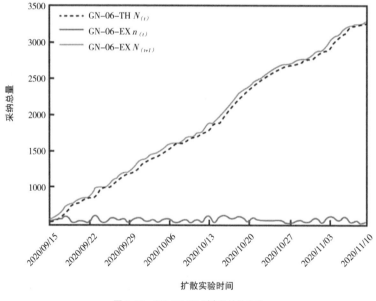

图 5-54　GN-06-TH 型产品扩散实验

由图 5-55 可知，扩散增长较为平缓，接近线性增长趋势，且在实验周期中尚未表现出明显的上升收敛趋势。这证明，通过观念、外观等表层体验创新，可以有效突破巴斯模型所设定的扩散潜量边界。但同时，扩散前期总采纳量的上升梯度较一般产品的扩散表现更为平缓，说明产品的扩散效能并未完全发挥。笔者与产品经理进行了深度访谈（图 5-55），之后得出的访谈结果如下（表 5-25）：

图 5-55　笔者与产品经理刘合生的访谈

表 5-25　基于 AEIOU 分析框架的访谈调研分析

访谈时间：	访谈地点：	访谈对象：			物件背景信息：
2020/09/28	太仓市东影经济开发区伟健实业有限公司	产品经理刘先生			50 岁 /20 年打鼾史 / 使用 1.0 版高档款智能止鼾枕
AEIOU 分析					
Activities/ 活动	Environments/ 环境	Interactions/ 交互	Objects/ 物件	Users/ 用户	活动等级
A1：刘先生在首次使用止鼾枕时进行开机操作	家庭卧室的床上	打开控制盒上的电源开关，和手机蓝牙配对	止鼾枕控制盒 / 刘先生智慧手机	刘先生	●●○○○
A2：刘先生在首次使用止鼾枕 APP 进行设置	止鼾枕开机准备中	刘先生通过手机 APP 输入智能鼾声检测灵敏度和干预运行强度模式	刘先生的智慧手机荧幕	刘先生	●●○○○
A3：刘先生使用止鼾枕 APP 听音乐	使用止鼾枕 APP 过程中	刘先生通过触摸手机荧幕打开止鼾枕 APP，选择冥想放松按钮，歌曲进行播放，或选择止鼾科普按钮，并通过点击"睡眠报告"按钮查看自己打鼾的时长及强度变化	刘先生的智慧手机荧幕	刘先生	●●○○○
A4：刘先生使用垫子垫高止鼾枕	刘先生头枕在止鼾枕上	刘先生通过头枕在止鼾枕上感觉头高度偏低，不是平时习惯的高度，在止鼾枕的下方又垫了个垫子	止鼾枕	刘先生	●●●○○
A5：刘先生推离止鼾枕控制盒	在晚上睡觉使用	刘先生有意识地用手把止鼾枕的控制盒推得离枕头和自己头部远一点，觉得还是有点噪声	刘先生的智能手机	刘先生	●●●●○

场景问题发展
1. 使用者手机扫描帮助书上的二维码 下载止鼾枕 APP 小程序、开机和蓝牙配对止鼾枕都是常规操作，用户普遍向往更方便的方式。
2. 对于止鼾枕的固定高度，有人会嫌高，有人会嫌低，很难让所有人满意，但止鼾枕的舒适度非常重要，否则止鼾功能再好也没有意义。
3. 虽然对控制盒中气泵的噪声和振动进行了降噪处理，但效果还不能让客户满意。
4. 智慧手机与智慧设备的物联网属性也是吸引使用者的重要因素之一。通过随身的智慧设备就可以对止鼾枕进行一系列的控制操作，满足用户对智慧生活向往的需求。
潜在需求设计点
1. 使用者手机扫描说明书上的二维码下载 APP 小程序，不如在手机应用市场下载方便。蓝牙每天重新开机时都要重新配对，相比在家庭环境下不需考虑省电，Wi-Fi 传送速率更快，效果更好。人与止鼾枕不在同一个空间也可以控制。后期通过 Wi-Fi 数据可进行存储和分析。
2. 止鼾枕应该可以设置鼾声检测敏感度和干预强度调节功能，根据每个客户鼾声强弱不同提供不同的干预强度，令使用者可以选择更适合自己的方式，以达到最佳效果。
3. 止鼾枕用户更倾向于集中的功能操作方式，但 UI 设计上不应该太复杂，要突出主要功能。
4. 止鼾枕的舒适度非常重要，止鼾枕的固定高度在后期设计上要做到高度可调，枕头可高可低，还不能影响止鼾功能的构造，尽量让绝大多数人满意。
5. 有的用户对噪声和响动极其敏感，不断降低噪声是设计师相当长的一段时间中需要花精力的工作。没有最低，只有更低。

①由于改进方向为在现有产品型号基础上进行体验优化型改进，在具体功能上未发生显著变化，因此，在扩散群体中功能需求驱动的扩散效能未体现；

②止鼾枕产品目前主要面向 40 岁以上的中老年群体，因此，在特定扩散环境中无法形成稳定的采纳者群体，继而无法体现扩散效能的有效叠加；

③由于投放规模所限，实现扩散的加速增长趋势需要更长周期的检验。

本研究取得的成果在于，以创新扩散理论作为基础参照，并引入现有产品线用于描述和表达产品的市场表现。同时根据巴斯模型对现有市场反馈数据进行关键影响因素的提取，并结合具体优化手段制定有针对性的迭代优化策略。而后，通过迭代前后产品的投放对照测试证明，引入以创新扩散模型为前提的设计优化策略，可以有针对性地提高产品在市场中的扩散效能，并可有效扩展原有的市场潜力边界。

本研究的局限在于，由于巴斯模型假定在产品生命周期内任意时间点 t 上新增采纳比例和历史采纳比例呈线性关系，因此，如何将事件或新型扩散渠道（如新型社交媒体等）非线性因素介入等条件纳入全域扩散系统进行考虑，并与设计方式进行具体关联，是后续研究关注的重点。另外，由于考虑到 Norton 模型主要针对迭代创新中的同质扩散进行描述，且预设将迭代前后产品间的采纳行为界定为替换关系。因此，拟在后续研究中通过该模型进行产品迭代周期确定、各代产品间创新改进幅度等具体设计策略的研究（孟刚、陈纾和王原，2022）。

5.3.4 迭代及技术创新扩散

（1）智能止鼾枕多阶段并行迭代的方法

本研究中产品效能迭代是指将原有产品进行改进升级。其中，迭代周期可定义为从最开始的设计创新到最终的全面创新过程中各个阶段的时间跨度。本研究提出将现有产品以"迭代"作为一个整体进行扩散，并根据巴斯模型中用户反馈数据确定了具有针对性的优化升级策略。具体步骤为：首先确定迭代周期，将迭代维度（产品、技术等）和设计维度（用户反馈、产品评价等）按照一定的频率划分为若干等级。然后根据每一等级分别采用与现有产品相似的升级改进策略、与现有新增采纳相异的优化策略。最后结合产品在扩散周期内所达到的历史采纳数据，依据巴斯模型中相关参数确定迭代结束时改进策略所需实现的各项创新指标，并以此为基准确定最终提升幅度。本研究将原型产品（GN-06）作为初始数据源，并选择电商渠道作为最终扩散渠道。通过不同扩散周期之间两个阶段的交叉对比以及用户对各个阶段产品扩散效能的比较后发现：在电商渠道新建账户与原有产品线进行交叉实验时，可以根据已有反馈数据快速找到具有针对性体验的改进升级策略，能够快速提升新增采纳数等关键因素，同时能够在原有创新扩散模型中得到充分体现（王彦杰等，2022）。另外，本研究参考 Norton 模型对产品设计方式进行了优化。其中，对创新扩散模型所设定参数中"有效""有意义"等属性的量化选取，可以有效提高 N_{t+1} 决策的准确度。由于本研究通过多阶段并行迭代的方法展开，因此，在迭代过程中可根据不同阶段间相互影响程度以及各阶段间相互制约程度等数据信息进行调整和修正。另外，本研究尝试将创新扩散模型中"有效""有意义"等因素纳入其中进行判断指标设定。

（2）以高端智能止鼾枕迭代为例的设计策略

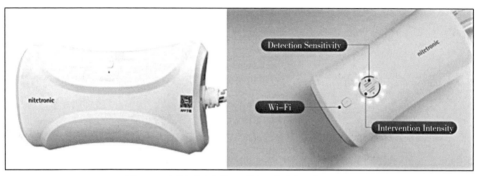

图 5-56　高端智能止鼾枕 2.0 版气泵盒迭代设计对比图
资料来源：上海莱特尼克医疗器械有限公司

表 5-26　高端智能止鼾枕迭代设计策略

产品设计分析		
设计方法	高端智能止鼾枕 1.0 版	高端智能止鼾枕 2.0 版
功能设计	1. 蓝牙资料连接 APP，控制数据未上云。 2. 睡眠资料监测及打鼾干预功能。	1. Wi-Fi 资料连接，资料上云设备，父母长辈不会用云的搭建，子女可远端 APP 控制并查看资料。 2. 除 APP 控制外，在气泵盒上增加了按键功能。 3. 增加睡眠呼吸暂停综合征诊断功能。
外观设计	1. 常规气泵盒工业造型设计。 2. 枕头气泵盒都以白色为主色调。	1. 升级了外观设计感、细节装饰件及材质质感，如按键镀铬装饰和隐藏式功能位置灯。 2. 增加薄荷蓝清凉款可更换枕套。
交互设计	1. 鼾声采集缺省模式。 2. UI 界面交互设计，实现基本操作功能。	1. 三天交互学习期，根据每个人的鼾声强弱不同，在不影响睡眠的情况下，智慧化进行干预，并根据一次次数据累积量化，不断优化改善。 2. UI 界面交互设计优化，包括视觉传达效果、交互行为路径、资讯框架、可使用性等多个设计维度升级。

包装设计	1. 包装设计风格走商务化路线。	1. 包装设计风格转向数位、科技、智慧、现代风格路线。 2. 策划注册"添眠"品牌，并推出广告语"无感止鼾，为爱添眠"。
内部结构优化设计	1. 气泵盒设备集成，比较拥挤繁杂。 2. 枕头材质是太空棉。 3. 枕头高度不可调。	1. 控制模组变小，电路板变小，设备集成设计更紧凑。 2. 93% 的天然乳胶三重波浪高地枕设计，满足不同睡姿。 3. 枕头三层乳胶垫设计，垫片高度可调。
外部硬件优化设计	1. 气泵盒结构进行海绵降噪处理。 2. 气泵盒单层壳体降噪。	气泵盒六层降噪处理至 28db： 1. 降噪海绵缠绕泵身； 2. 增大泵外钢管密度以降噪； 3. 钢管外包裹海绵以降噪； 4. 泵两端三层铝片海绵以降噪； 5. 泵盒双层壳体以降噪。
软件反复运算设计	1. 声学感测器震动感测器。 2. 初代视觉化应用程序 NT 睡眠。	1. 声波智慧演算法升级。 2. 经由睡眠资料和 PSG（多导睡眠图）比对分析，并通过 BigDate 大资料分析，机器学习演算法，提高鼾声识别率。
基于扩散大资料回馈的产品优化设计	1. 智能止鼾枕 1.0 版未上云。	1. 从多用户、长时间等不同维度进行大资料分析，采用深度学习模型，进行资料归类，优化演算法，并将演算结果模型回馈给终端设备，提高鼾声识别率和止鼾效果。

　　根据创新扩散理论，迭代原则要结合不同产品的发展阶段。总的来说，在一个产品的生命周期里，迭代随着产品发展有四个时期，迭代也大致有四个阶段：产品诞生阶段、产品成长阶段、产品稳定阶段和产品衰退阶段。产品诞生及成长阶段中，最重要的核心用户是扩散早期的种子用户，他们最大的特征是忠诚度不高，有很强的好奇心，因此，这个阶段的迭代频率要高，不断开发新功能、补足短板、优化体验。产品发展到稳定阶段，产品功能和用户规模逐渐成形，这个阶段最重要的用户是主流用户，他们更加注重产品的体验和稳定性，因此这个阶段的迭代节奏适中，以解决大需求和问题优化为主，比如增加新功能模块和 UI 升级。产品由盛转衰，逐渐发展到衰退阶段时，最重要的用户是相对"固执"的主流用户，可以说，只要产品还能满足他们的需求，并且确保使用体验，他们不会轻易放弃产品的。因此，这个阶段的迭代更新，会是相对慢节奏的小需求迭代（见图 5-56 到图 5-59）。

以下介绍产品成长阶段的高端智能止鼾枕迭代设计策略。产品迭代经历的流程是：首先优化需求的获取，由前期的高端智能止鼾枕第一代产品基于互联网的扩散路径实践得知有以下三种：①种子用户扩散，即用户个体观念扩散；②互联网信息扩散，例如社交媒体（微信）、短视频平台（抖音）、网商（京东和天猫）；③经典扩散域实体点对点的扩散，比如美国线上独立直销网站。迭代需求来源于以下渠道：统计模块、词频分析、意向统计、各种访谈、天猫/京东客户反馈、网络评价、种子用户观念倾向、传统问卷采样。经过需求管理分析和竞品分析后映射到产品优化设计上，大概包含以下几个方面：功能设计、外观设计、交互界面设计、包装设计、内部结构优化、外部硬件优化、软件迭代、PCB设计、基于产品扩散大数据反馈的优化设计。

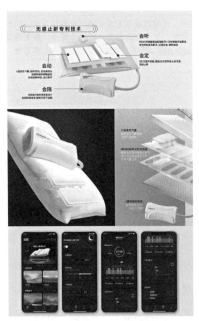

图 5-57　高端智能止鼾枕 2.0 版设计图集
资料来源：上海莱特尼克医疗器械有限公司

图 5-58　高端智能止鼾枕应用程序（App）UI 设计图集
资料来源：上海莱特尼克医疗器械有限公司

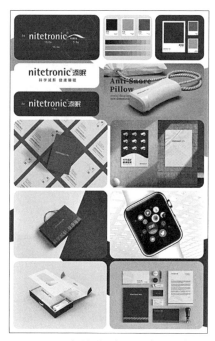

图 5-59　高端智能止鼾枕 2.0 版 VI 设计
资料来源：上海莱特尼克医疗器械有限公司

（3）技术创新扩散

以睡眠、办公为两大应用场景，以气动技术、自研传感器、算法等多项技术方法进行创新扩散，打造智能产品。人工智能、大数据等技术，驱动精准医疗及个性化医疗发展，通过产品打造，以服务的形式收集用户每天工作、睡眠的健康数据，借助健康数据管理对用户健康状况进行分析、干预，以预防疾病发生和降低患病风险。睡眠和办公作为人一天当中最主要的两个行为，正是最好的切入口。在前期止鼾枕技术创新扩散的基础上，其他智能产品搭建核心逻辑即以自主研发人工智能健康传感器和产品为立足点，以物联网和云平台为基础，基于云平台和各种智能产品，持续完善以"睡眠""办公"为切口，覆盖个人每日约 16 小时行为健康的智能健康生态。其中，"添眠"（Nitetronic）专注智慧睡眠，产品为智能止鼾枕研发以及智能助眠床垫研发；"贝氪"（Backrobo）专注健康办公，产品为智能座椅。

　　智能睡眠市场的技术创新扩散是，研发出包括添眠智能止鼾枕、智能健康气动床垫在内的多款产品。其中，添眠止鼾枕拥有完整的鼾声分析及干预系统，能精确感知用户睡眠打鼾数据，通过算法自动进行科学化调整：精准定位用户头部睡眠位置后，对对应位置的气囊充气，气囊轻柔鼓起，推动头部缓慢侧转，直至鼾声明显减小，甚至停止打鼾。

　　智能健康气动床垫（见图5-60）则可对睡眠进行监测：通过感应用户睡眠状态，以内置柔性气囊节律运动、智能温控等功能，对用户腿、臀、腰及肩部进行波浪式起伏的充放气动作。同时借助音乐、灯光乃至嗅觉等环境因素，促进用户睡眠。不仅如此，该智能健康床垫还可对用户睡眠周期进行管理，确保给用户提供一个好睡眠。除睡眠管理外，智能健康床垫还具有缓解肌肉酸痛、垫高小腿、让血液回流以消除水肿等功能。还可设置起床时间，使床垫提前工作，通过柔和动作到牵引拉伸的运动，唤醒用户。自主研发设计六重降噪气泵结构，分贝值在40分贝以下，夜晚床垫工作时不会打扰到睡眠。床垫蛋形结构海绵，拥有超过2000个支撑点，仿指腹式按摩身体，可以很好地分散身体压力。人躺在上面，犹如躺在云端上，舒适放松。床垫中加热片内置NTC温度传感器，使整夜被窝温度在32到34摄氏

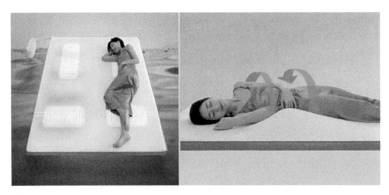

图5-60　智能健康气动床垫
资料来源：上海贝氪若宝健康科技有限公司

度之间。温度可通过米家应用程序（图5-61）设置，并可以分区设置。系统拥有安全保护机制，确保整夜安心、恒温好眠。

图5-61　智能健康气动床垫应用程序界面
资料来源：上海贝氪若宝健康科技有限公司

办公市场的技术创新扩散：智能气动好腰椅（图5-62），有智能托腰、久坐管理等多项技术创新，精准测算自适应多状态舒适体感。由于人们在久坐过程中容易出现腰酸背痛、颈椎受损、脊柱受损等情况，许多设计师都围绕座椅舒适度从人体工程学角度针对办公室座椅进行设计。但如何针对不同用户需求进行个性化设计，仍是难题。传统的人体工学办公椅可以做出丰富的结构化调节，需要用户来适应椅子。但如果人不贴合椅背就会出现"空腰"现象，此时可能无限接近于凳子的功能。即使保持标准的坐姿，久坐之后都会让人腰酸背痛。智能气动好腰椅让你无论在什么坐姿下，智能腰托都会自动跟随贴合腰部，并以智能化的形式进行干预，真正地消除腰部的空隙，托腰护腰。

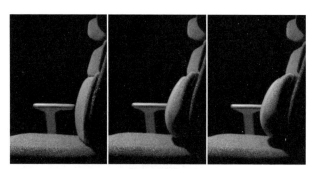

图 5-62　智能气动好腰椅技术原理图
资料来源：上海贝氪若宝健康科技有限公司

　　智能座椅通过智能感应设施，测算自适应多状态舒适体感。从腰部压力感应、臀部重力感应，以及久坐时长三个角度，共同干预。其智能腰托可智能识别入座和离座状态。入座将自动开启腰部随动模式，离座将进入待机状态。入座过程中智能腰托可随时贴合不同坐姿下的腰部位置，同时承托腰部。也可手动调节位置，使之固定在用户所需力度。针对久坐可能带来的问题，该智能座椅可感应识别久坐时长。当入座满 40 分钟或者 1 小时（可在手机端任意设定），气囊会鼓动，督促用户离开座位进行适当活动。如用户无需离座，将会进行腰部按摩放松。同时，椅子可以实现对用户久坐时长、入座次数、累计时长等数据收集分析，生成数据报告，以便用户进行健康管理。

　　智能气动椅的创新（见图 5-63 和图 5-64）：① Airly lumbar 气囊随动托腰支撑，智能适配不同坐姿。Airly lumbar 柔性腰托自动贴合支撑腰部，填充腰部与椅背之间的空隙，给予合适的支撑力，可根据前倾或后靠的姿势随动托腰。U 形动态柔性气囊可以更好地对左腰和右腰进行均匀的分区承托。②久坐放松，动静结合。短暂频繁的低强度身体活动间断干预，可以有效改善血糖和胰岛素，从而能有效降低职业病的产生。入座每满 1 小时，智能腰托会进行 2 分钟的腰部按摩放松，以此"强提醒"用户离开座位。久坐定时提醒协助用户在长期静坐中养成良好的习惯。③腰部热敷缓解腰部疲劳。开启腰部热敷模式可由内而外地舒缓腰部肌肉，加快血液循环，缓解腰部疲劳感。④连接应用程序，自适腰部支撑健康数据可见。

在应用程序中输入个人的身高、体重等信息后，压力感知系统会自动判别用户体型特征，推荐适合的支撑力度，给腰部最舒适的支撑。程序可提供数据报告，每天在椅子上的健康数据清晰可见，方便管理自身工作习惯。

图 5-63　智能气动好腰椅应用程序参数图
资料来源：上海贝氪若宝健康科技有限公司

图 5-64　智能气动好腰椅技术参数图
资料来源：上海贝氪若宝健康科技有限公司

智能止鼾枕的技术扩散：以气动技术为基础，通过非接触式健康传感器并运用算法，精确感知使用者在躺和坐等行为下的心跳、呼吸、心率、体动等数据，将数据上传至云端，再通过云端分析用户状态后，促使硬件对用户身体进行干预和改善。

无论是智能床垫还是智能座椅，通过智能硬件触达用户后再提供用户身体健康数据、健康管理等基础服务，为用户带去增量价值。而企业与用户之间的互动，也会持续反哺企业技术、数据、服务等发展，实现良性循环。这一整套的设计方法可以成为当下互联网智能产品设计的新范式。

（4）基于产品扩散大数据反馈的优化设计

用户健康数据可助力止鼾枕优化设计。随着止鼾枕2.0版的推出，互联网云端搭建后"添眠"应用程序已完成版本升级，从技术层面来说，完成了通讯、数据库、用户、设备云的搭建。止鼾枕的智能化偏个人，需要数据单一维度的深度挖掘，背后进行了大量的数据分析工作。截至2022年5月之前，添眠智能止鼾枕2.0版已经销售了五六千台。以下是5～7月添眠应用程序用户使用的情况。

自5月1日～7月31日，添眠应用程序注册总数已达3421人。从注册人数性别占比来看，男性占比86.3%，女性占比13.7%，验证男性打鼾人群远远高于女性，但是根据天猫后台的统计数据发现，购买人群却是以女性为主；从注册人数月份占比来看，5月注册人数占比28%，6月注册人数占比53%，7月注册人数占比19%，和销量成正比（见图5-65）。

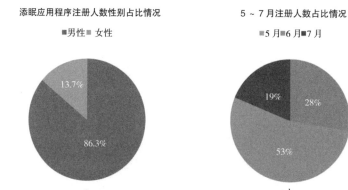

图5-65 添眠智能止鼾枕2.0版注册数据分析图

资料来源：上海贝氪若宝健康科技有限公司

从年龄段分布来看，打鼾人群主要集中在 30 ～ 60 岁，约占 70%，其中 30 ～ 40 岁占比 44.8%（图 5-66）。

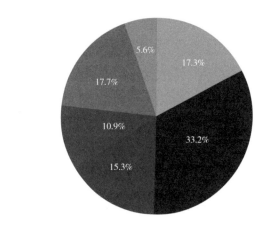

图 5-66　添眠应用程序使用人数各年龄段占比情况图
资料来源：上海贝氪若宝健康科技有限公司

从绑定设备用户使用天数（图 5-67）来看，使用 15 ～ 30 天的用户占比达 26%，使用 30 天以上的用户占比达 38%；从用户使用应用程序的天数情况来看，使用超过 15 天的用户占比达 64%，而且随着时间推移，使用时长还会不断增加。从数据分析来看，添眠应用程序是一款用户高黏性的应用程序。

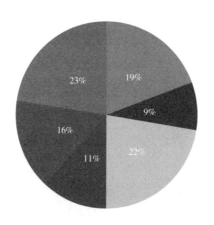

■0 天（未使用）　■1 天　■2—7 天　■8—14 天　■15—30 天　■30 天以上

图 5-67　添眠应用程序使用天数占比情况图

资料来源：上海贝氪若宝健康科技有限公司

　　截至目前，添眠应用程序用户已覆盖中国 22 个省，5 个自治区，4 个直辖市（图 5-68）。广东、浙江、北京、上海、江苏 5 省（市）用户配网设备人数排在前五，人数达 1014，占比 49.2%，由此可见，添眠应用程序用户约一半来自经济发达省（市）。国外用户已覆盖德国、日本、美国、新加坡、菲律宾、韩国、越南等国。

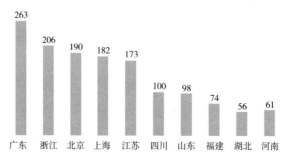

图 5-68　添眠应用程序用户配网设备 TOP10 省级行政区情况图

资料来源：上海贝氪若宝健康科技有限公司

研究分析发现，白酒消费力和添眠用户匹配度较高（图5-69）。

图 5-69　白酒消费力和添眠用户匹配图
资料来源：上海贝氪若宝健康科技有限公司

通过数据分析发现，添眠应用程序有效用户中，超重与肥胖人数占比达67%。由此可见，打鼾与身高、体重呈现高度相关性。未输入或输入无效身高体重信息（BMI>59）的用户，仅占比9%（见图5-70）。

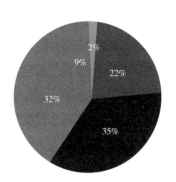

■低于18.5 ■18.5—24（标准）■24—28（超重）■大于28（肥胖）■未输入/无效

图 5-70　添眠应用程序有效用户 BMI 占比情况图
资料来源：上海贝氪若宝健康科技有限公司

综合数据来看，添眠应用程序的主要用户是 30 ～ 46 岁、体型微胖、生活在经济发达区域的男性用户（见图 5-71）。

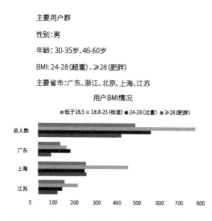

图 5-71　添眠应用程序（App）主要用户情况图
资料来源：上海贝氪若宝健康科技有限公司

通过对真实用户使用情况进行分析可发现：止鼾枕鼾声干预效果明显，干预后，打鼾强度降低大约为 10dB；用户 BMI 越高，打鼾越严重，两者呈现高度相关性（见图 5-72）。

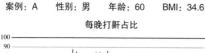

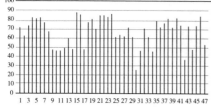

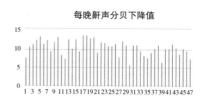

案例：B　　性别：男　　年龄：30　　BMI：24.6

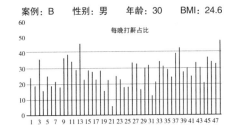

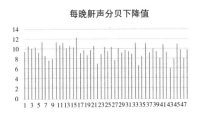
每晚鼾声分贝下降值

图 5-72　真实用户使用情况分析图
资料来源：上海贝氪若宝健康科技有限公司

通过数据整理分析（图 5-73）可发现，在当日 11 ~ 14 点检测入睡的用户大约 27%，有午休习惯。后续会针对这部分用户开发针对性的功能和服务。

总人数：3423

■有午休习惯　■无午休习惯

图 5-73　用户午休习惯占比情况图
资料来源：上海贝氪若宝健康科技有限公司

从数据分析角度，一是通过睡眠时鼾声数据和鼾声监测效果的实验，利用内置高精度数字硅麦进行音频采集、鼾声检测结果复合展示，可以更准确地识别呼吸特征；二是通过对电容传感器、生理数据报告和人体行为进行分析，依托批量性数据累计分析出打鼾时长、打鼾比例和打鼾声音的趋势，从而更好地为用户提供鼾声监测、干预与诊断服务。

通过上述研究实验和多维度数据分析发现：打鼾和翻身规律随着时间推移、睡眠分期变化有明显的关联性；通过特定人员长期数据分析、同一时间不同人员的数据分析，可以寻找到更深层、更精准的睡眠数据，从而更好地为用户睡眠健康服务；经由睡眠数据和 PSG（多导睡眠图）比对分析，并通过大数据分析，机器学习算法，提高鼾声识别率，提高止鼾效果。采用多节点（中国上海、美国硅谷、德国柏林、新加坡）共生的云服务架构，支持设备在全球任何国家和地区的无缝访问。云服务每天处理近 5000000 条不同设备的用户健康数据，每人一天近 100 mb 的数据存储于数据服务器中。

同时，将各维度原始数据抽象为图形化界面，以进行科研分析。并从多用户、长时间等不同维度进行大数据分析，采用深度学习模型进行数据归类，优化算法。且将算法结果模型反馈给不同的终端设备，优化用户的设备算法，提升产品功能的有效性，做到真正意义上的用户健康数据助力止鼾枕功能优化设计。

第六章 基于创新扩散思维的产品设计方法构建

本研究主要经历了三个阶段。

第一阶段，通过创新扩散理论的指引，对现有产品的未来迭代方案进行预测，证明了经典创新扩散模型在单一产品设计环境中的有效性。

第二阶段，根据前期实验所发现的问题，将注意力转移到对扩散株特征的关注上，分析扩散域中不同扩散株的个体特征以及群体特征，将其作为后续产品选型的主要依据，并对此展开了新一轮的实验。在实验过程中，依据扩散属性对现有产品的六种分型，进行了人为干预选型以及具体的改型过程。实验中发现，通过以扩散特征作为选型依据可以较好地收敛产品的迭代方向，同时有效减少传统生产行业中常用的预生产以及预投放模式所产生的资源消耗，从而证明了创新扩散理论在设计领域中的实用性。

第三个阶段，对于先前的两次实验进行总结，并且提出了基于创新扩散规律的产品设计方法，同时发现了在以往的理论研究当中未曾发现的有趣现象。这种现象的产生主要是因为，在理论研究中所知所见的封闭型模型在实际情况中呈现出了不同的结构和维度特征，这也是设计学实践型研究与传统理论性研究在视角方法上的不同所造成的。这为后续设计学研究展开了一幅新的图景。

6.1 创新扩散要素影响下的设计方法

此节主要在宏观视野下讨论扩散和一般意义的设计创新这两个概念间的相互影响及态势表达。

6.1.1 设计创新对扩散形态的促进

本研究首先从传统的产品开发视角出发,在产品的改进过程中将原有的产品销售统计结果纳入创新扩散理论框架下进行审视。主要的方法是将现有的市场作为有边界的扩散域,将产品作为扩散株、将用户作为扩散宿主进行考虑,并且将销售效能的提升策略定义为通过扩散体系中系统内因的强化促进扩散株对扩散宿主的附着力,从而进一步增强扩散对潜在采纳者总数的边界逼近能力。在实践中,首先将系统内因与用户反馈行为作了间接关联,即用户对产品的直观感知可以明确表达为其对产品的采纳倾向,并可间接表达为宿主间的采纳促进。因此,研究先对影响采纳的产品功能表达进行细分,并进一步谋求对现有采纳意愿水平的提升。在细分过程中发现,原先预设的封闭扩散系统的扩散表达,较预期更为复杂,并且根据扩散宿主个体属性,可以明确划分为不同扩散类群。本研究中扩散系统划分的主要依据为人种学特征,包括种族、地域等要素,以及人口学特征,包括年龄、教育程度等。根据所划分的不同类群进行调查,从而明确其对目标产品的偏好,以作为制定产品迭代路线和策略的主要依据。迭代优化产品的后续扩散效能显示,采用扩散效能作为引导性指标,可以有效明确产品的迭代优化方向,并对产品的扩散具有显著影响。

6.1.2 扩散要素对设计方法的驱动

本研究发现,扩散系统中不同细分类群的属性,会对产品设计方法的优化产生显著驱动作用。其中,以扩散视角来看,对设计行为影响最为显著的,是系统内因范畴下的采纳率、扩散系数这两项指标。通过对扩散株的功能优化可以有效提升采纳率,并影响扩散系数。在具体的设计实践中,这种影响主要表现在如下几个方面:

(1)同一扩散系统中不同类群的采纳倾向,表达为不同的产品功能偏好,而这种偏好差异往往指向同一产品包括核心功能、辅助功能，甚至是产品外观等外在表达等不同的层级与方面。

（2）复杂偏好对传统的单一产品优化方式提出了多样化的优化目标，从而改变了原先产品设计中从生产主体视角出发的优化策略，并可将优化目标直接与销售等实际扩散效果进行关联。

（3）从采纳率提升视角出发的优化思路，为设计迭代提供了明确的优化方向，可以有效降低开发过程中的不确定性。从实验中可以看出，在面对局部功能偏好时，即便只对产品的使用场景等观念性特征进行优化，也可以在有限的类群中实现有效的潜在采纳者发掘（孟刚、陈纾、王原，2022）。

6.1.3 创新扩散设计方法模型

以往对创新扩散的研究，主要集中在对广义创新在具备一般性定义的宽泛概念的系统下进行扩散这一理想状态下的宏观理论及机制研究。因此，当把创新扩散理论模型作为观察的参照依据，进行具体的产品设计和销售行为时，就会发现现实环境中的扩散行为存在更为多样的具体表现。而这种多样性，源于扩散系统本身，深刻影响了创新设计的过程。就本研究来看，面向产品扩散效能的针对性升级迭代路线，使产品的优化方式和进程发生了变化。

首先，产品优化设计的目标由原先对于产品预设概念的趋近，转化为对具体扩散类群偏好的支持。

其次，产品的设计方式由于偏好的指引形成了不同层面的特征延展。不采用重新设计的改进思路，而是通过对某一原始型号的产品构型赋予不同倾向分型概念的方法，并在各分型中分别强化响应某个类群的需求特征。

同时，由于不同的分型所基于的基础型号一致，因此，这种分型迭代行为不仅可以基于现有成熟的型号开展，也可以基于某一概念进行展开。而后续展开的实验也证明，基于同一产品概念可以有效面向不同的独立扩散系统，提供具备最优扩散效能的产品（孟刚、陈纾，

2021）。

不仅如此，现有的创新扩散理论所描述的扩散曲线，是以稳定且具备一定规模的广义扩散环境为基础的。而在具体的设计，以及通过市场进行扩散的产品开发和销售实践中，扩散的发展并不完全遵循这样的规律。这一点在以分型面向未知规模的扩散系投放的实验中表现

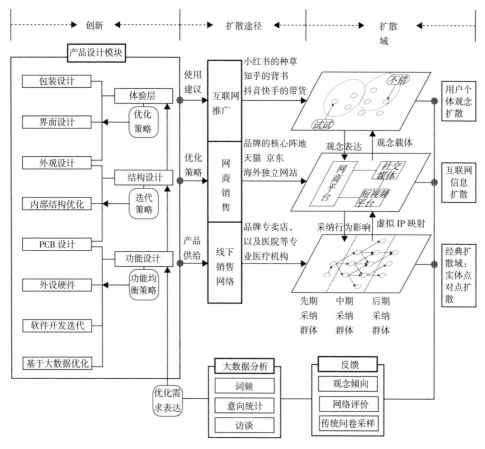

图 6-1　基于创新扩散思维的产品设计方法模型图
资料来源：笔者自绘

得较为显著。在该实验中，面向潜在扩散群体的实验呈现平缓的线性增长趋势，这是扩散边界随扩散行为同步增长的表现（孟刚、陈纾、王原，2022）。最终形成的创新扩散设计方法模型结构，如图 6-1 所示。

基于创新扩散思维的产品设计方法分为三个环节，分别是产品创新、扩散途径和扩散域形成。以下分别对三个环节具体的设计方法进行描述。

（1）"市场调研 + 数据分析"为核心的需求收集与表达

在产品创新的前期需要做大量市场、用户和现有产品的调研，其中分为数据分析和反馈分析两个模块，对词频、顾客意向，以及相关产业专家的访谈进行分析，并且对现有产品的特性进行问卷分析，得出现有产品不足之处以及用户的需求，优化现有产品的需求表达内容，明确产品设计的方向。

（2）体验、结构、功能三大模块的产品创新设计提升

在产品需求调研的基础上，从功能设计模块入手，通过 PCB（Printed Circuit Board，印制电路板）设计、外设硬件、软件开发迭代、基于大数据优化等手段和策略协调产品内部的功能设置，使产品处于整体功能均衡的状态。在功能层面满足需求后，通过产品的结构设计模块，对产品的外观要素、内部结构等方面进行整合优化，形成产品的迭代策略，最后以用户体验为核心，提升产品体验模块的品质和用户的感受，具体途径包括包装设计、界面设计、外观设计等，使用户在视觉和使用感知方面对产品的品牌定位有更好的认识。通过这三大模块的提升与优化，完善产品的不足，形成产品的迭代过程，从产品内部形成创新扩散的内在动力。

（3）"互联网推广 + 网商平台 + 线下销售"三位一体的产品扩散途径

产品创新设计的提升与优化，为产品的扩散提供了物质基础。产品首先通过"网商平台 + 线下销售"的方式形成初级的扩散株，而后在用户的体验和使用后，通过"互联网推广"形成良好的口碑效益，其扩散速率进入"快车道"，即巴斯模型的上升期。在这一阶段，三位一体的扩散途径相互作用。以智能止鼾枕为例，先由药店、超市等线下销售网络和网商平

台进行市场投入，通过单一个体的点对点辐射扩散至多个采纳单体，形成采纳群体，而采纳群体形成后通过网商平台产品的评价机制，形成初步口碑效应，这种口碑效应同时也促进了产品被进一步采纳。当产品的采纳形成一定规模后，通过互联网推广，例如小红书种草、知乎背书、抖音快手带货等方式，形成产品的扩散域。在这个环节中，产品应当针对产品特性，利用自身的产品优势，拓展自身的扩散株类型，迅速建立良好的口碑效应，以形成最大范围的产品扩散域。

（4）"点对点—互联网信息扩散—用户观念扩散"递进的产品扩散域形成

产品的扩散初期是由点对点的采纳个体形成产品扩散株，但是此阶段扩散效率低，扩散范围有限，不能辐射到更多人群。而互联网平台为产品初期扩散建立了快速拓展扩散域的途径和方法。用户通过虚拟 IP 映射进入到互联网平台，通过社交媒体、短视频平台等形成了点对面的传播扩散效能，扩散群体呈指数级上升，此时的口碑效应就会产生巨大作用，即个体对产品的评价能够直接影响其他个体的采纳意向。而这种采纳意向转化为产品采纳行为，又反作用于潜在用户群体，刺激这部分群体的采纳意愿，因此形成更大辐射范围的扩散域。当个体处在大扩散域中时，其观念会发生改变，例如更加愿意尝试新产品以及新技术，更加愿意采纳网商平台评价较高的产品。这种观念及心理也刺激了消费行为的产生，同时形成了大数据体量的可作用于产品迭代设计环节的产品网络评价内容。

综上所述，基于创新扩散思维的产品设计方法是以市场前期调研和产品评价的大数据分析为基础、以产品创新迭代为物质载体、以扩散途径为指向、以扩散域拓展为目标，结合互联网社交、网商平台、线下销售等多途径的系统性设计方法。

6.2 基于创新扩散思维的设计策略

从中观层面上看，创新扩散可以为产品线的设计策略提供较好的参照系。本研究通过关联性的方式设计，将笼统的扩散表达与具体产品推广环节实现了关联，从而在产品设计层面提出策略性方法。

6.2.1 扩散要素对设计策略的影响

实验显示，产品的扩散表达较为复杂，若将扩散系统各部分进行划分，可以将显著影响产品扩散表现的诸因素归纳为系统扩散内因范畴。在这一视角下可以有效将诸如产品满意度、产品功能预期、潜在客户需求等多维度调查结果归纳于同一范畴下进行考量。由于上述表达均是以用户主体视角获得，因此可以归结为采纳意愿范畴。而巴斯模型中所归纳的用户间传播率等细节要素，由于所受到的影响因素庞杂，则纳入间接影响的范畴。采用上述思路，可将复杂的扩散影响倾向以简洁的方式投射于产品层面，设计策略的制定由此展开。具体的策略制定思路如下：

首先，将用户表达根据产品设计和生产工作权责进行关联，将产品的设计策略划分为功能提升和体验提升两个方面，分别作为不同分型设计的主要创新路线。

而后，对以功能型创新为路线的分型，基于现有构型进行局部功能升级，同时对不直接涉及功能预期的功能以及相应产品优化投入进行收缩；而针对体验提升的需求，则可直接对现有产品的外观、视觉等外延因素进行有限改进，从而降低全面迭代的投入以及试投放的损耗。

同时，将潜在客户群体作为未知的扩散系统进行考量，以先行的概略创新作为对未知扩散领域的切入，再遵循总设计策略的思路进行逐步扩散深化，从而以较小的试产投入渐次开拓新的扩散系统。

进而，通过小红书种草、知乎背书、快手／抖音带货等途径进行扩散株的拓展，将产品的口碑效应迅速传播，逐渐形成产品的品牌核心作用，从产品内部形成扩散的内在动力。基于网络后台大数据反馈的结果，形成扩散的外在动力。对产品的扩散效能进行实时数据收集，通过数据分析得出目前产品在创新扩散过程的阶段属性，以"互联网数据 + 品牌设计 + 产品迭代"的思维对已投入市场的产品进行更新迭代，以获得最大程度的采纳范围。

最后，将用户满意度作为后续扩散行为跟踪的扩散效能评价指标，并作为扩散率的单项反馈，以及扩散效能概略预测的依据。

6.2.2 设计策略对创新扩散机制的驱动

由扩散策略指引下的产品设计实践可以看出，随着扩散进程的不断深入，扩散系统各部分的具体表现越发呈现复杂系统下的混沌特征。本研究分别从创新主体、扩散主体两方面对这种复杂变化做出归纳。

从创新主体视角看，"创新"这一概念的事物主体发生了不同层级的异化，产生了技术、产品、概念等不同层级的创新表达。而不同的表达主要体现在不同扩散渠道以及所面向的不同维度的扩散系统。

从扩散系统视角看，当前环境下的扩散随着创新主体的异化也发生了维度上的分离。

从抽象技术层面来看，本研究中产品的底层创新形态——智能睡眠检测及响应技术构型——从产品外延中脱离出来，不再以单一的产品形式出现，衍生出了智能睡眠座椅、床垫等一系列不同的产品形态。而配套的生产工艺、生产线，以及相应的制造、设计等产能也随之联动。这在实质上形成了抽象技术创新在生产领域的扩散。

从实体产品层面来看，基础产品的分型以及所面向的不同类群，在笼统的创新扩散系统中形成了遵循各自扩散路径的分系统。这些分系统也并不相互孤立，而是呈现出以扩散宿主复杂的人种、社会特征为关联因素的交融关系，从而促使更为复杂的扩散现象出现。

不仅如此，最有趣的发现来自互联网空间。在无实体化的信息空间里，创新从抽象技术构型、实体产品形态等外延中部分抽离出来，形成了片面的"创新"观念。这种具备观念型特质的创新，已经脱离了既定的问题——解决方案的逻辑内核，异化为诸如"生活方式""有效方法""体验"等特征，而这些特征的定义具备抽象且片面的概念。其扩散的内在驱动力，除了依靠物质世界产品的反馈，更多地仰赖扩散宿主对观念的个体诠释。这种现象在社交媒体层面的扩散实验及案例分析中表达得尤为显著。

从系统间关系来看，上述技术、产品、信息这三种层面的扩散并非相互独立，而是形成了跨维度的相互影响：抽象技术的产业层面扩散，直接为产品形态的扩散系统提供了多样性的扩散株类型；而不同类型的产品对不同扩散宿主的类型具有更好的亲和性，在同一维度的系统中形成了不同的扩散路径；同时，在信息维度的观念扩散，一方面强化了扩散株对扩散宿主的采纳倾向，另一方面也促使了扩散宿主之间二次采纳行为的发生。

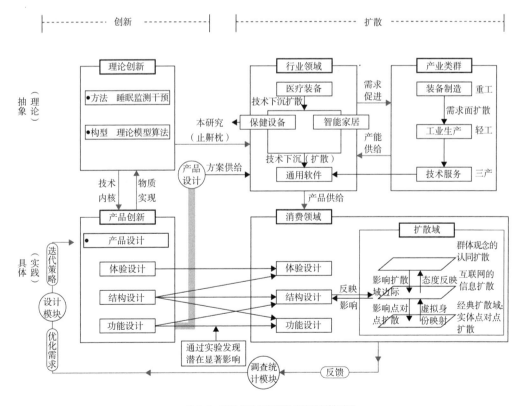

图 6-2　产品设计创新扩散作用机制模型图
资料来源：笔者自绘

从图6-2可知，产品设计是产品创新扩散机制作用的核心，而对于抽象（理论）层面而言，创新扩散的理论模型算法与监测系统为产品提供技术内核。例如前文中提到的睡眠监测数据服务，其产品附带的软件同时也可以为模型算法和监测系统提供物质载体。此类运用新技术的产品辐射到传统工业领域，即装备制造（重工）、工业生产（轻工）、技术服务（三产），为传统工业带来需求促进，其扩散作用于不同的产品类别。传统工业中的技术服务也为软件更新提供技术支持，其产出涉及医疗设备、智能家居等领域，其扩散深度作用于产业集群，提升产业集群的生产供应量，以满足生产需求。这种技术下沉的软件通过产品供给直接作用于消费领域，为设计表达提供依据。

对于产品的具象（实现）层面而言，产品的设计行为有三个要素分布：体验设计、结构设计和功能设计。功能由技术创新模块提供，技术创新能够根据目标人群需求，协调产品内部功能之间的冲突。体验设计是以服务用户为准则的设计表达，聚焦于产品的使用和感知评价。而产品结构设计是功能设计和体验设计两者之间的桥梁，将二者结合成产品的具象形式。产品的结构设计反映在扩散域层面主要有三个要素体现，即点对点的扩散、互联网的信息扩散和群体观念的认同扩散。三者之间也存在递进的关系：由点对点扩散开始，经过虚拟身份映射到互联网平台，实现信息的交换与扩散，最终指向群体的认同扩散，并扩大了扩散域的边界。扩散域的三要素同时也影响着产品结构设计，最终作用于产品的设计表达，通过结构设计调节产品的成本和生命周期，拓展产品的扩散域。

第七章　总结与展望

7.1 研究结论

通过典型案例分析与产品设计实验，本研究提出了基于创新扩散理论框架的具体设计方法。该方法先从微观层面实现了基于产品扩散形态的设计目标确定，并根据目标指向有效收敛了优化设计过程中的冗余行为，而后从实验优化产品的投放，结果表明，以促进扩散效能为目的的针对性优化策略可以有效促进扩散形态的优化，并促成新扩散机制的形成。

由于本研究将抽象的扩散机制作为预测机制与行为参照模型，并投射于具体产品的设计实践，因此在实验过程中发现了以往研究中未曾描述的具体扩散情况：

第一，扩散主体自具体产品外延分离出非物质形态的抽象技术构型，并在产品形成过程中扩散，促成了产品生产模式的延伸及产品形态的突变；

第二，与原有研究视角下的理想扩散系不同，具体实践中扩散系统因产品创新驱动发生了基于扩散宿主不同特征的多层次的同步及异步扩散，且各扩散路径间相互影响和融合；

第三，当代信息环境下的扩散维度发生了分化，创新以片面观念的形态在信息维度上同样发生了显著的扩散，这种扩散也在一定程度上影响并驱动了产品层面创新的扩散表达。

相较于以往的研究，上述复杂现象是首次发现，体现了在具体实施层面的扩散现象所存在的复杂性特征。本研究从产品扩散视角出发，形成了对此种复杂扩散现象的发现及描述，为后续的研究提供了可能的探索方向。

本研究取得的成果在于：一方面对于产品设计而言，产品创新扩散周期呈现"S"形曲线趋势。在产品投入市场初期，运用创新扩散思维，在产品设计中通过新技术、新功能，增强产品在市场中不同的扩散株，使产品的创新扩散速率增加，形成大范围的扩展域和良好的口碑效应；当产品创新扩散趋于平缓，通过创新扩散思维，对产品进行迭代设计，赋予新的产品特性，以激发产品新的扩散周期，延续产品的生命周期。另一方面，将创新扩散理论作为基础参照，证明了针对差异化市场需求可以采用有效方法进行优化方式的范围限定，并可依据差异化的具体表达，将优化路线进一步具体化为可执行的优化策略以及设计任务。这明确了理论层面扩散体系外生技术进步因素在产品设计领域的具体表现，并进行了具体实施路径的证明。同时，本研究在创新扩散理论框架下对市场调查结果进行审视时发现，扩散系中个体的人种学及人口学要素，与创新的采纳、模仿采纳行为存在显著的强关联性特征。此项发现可以作为未来研究重点关注的方向。

本研究的局限在于，仅援引理论对现有情况进行解释、推论，而未引入具体模型如巴斯模型等对扩散系内的具体扩散效果进行预测。同时，由于研究的实验环境主要基于现实产品生产、销售环节，因此，仅针对孤立扩散环境进行直接促进采纳行为的性能、体验等同质因素的优化，而未将其他产品优化可能性考量在内。因此，将在后续研究中对产品外延，如品牌、同质化竞争等复杂周边因素的影响纳入视野，进行系统外因素对产品创新以及扩散等系统内驱动机制的影响研究。

7.2 未来展望

　　本研究仍存在需要深入探索的可能。例如，虽然本研究已初步证明了创新扩散系统自身演化机制的存在，但尚缺乏对产品设计领域内扩散机制演化过程及机制外生要素等方面的深入讨论。本研究是以产品创新扩散理论框架为参照，通过对典型案例分析以及实地访谈等方式，将其理论逻辑予以外化及具体应用的探索。在此基础上进一步探讨了不同扩散形态下，基于不同条件的系统内结构变化特征，以及相关产品设计领域如何应用创新扩散理论框架进行有效优化设计的可能性。但由于数据获取困难及研究目的的原因，未能对本研究相关具体实验过程进行进一步阐述。同时，由于受到创新扩散理论框架本身抽象特性等因素限制，也未能就如何利用该框架指导具体产品设计实践层面进行足够微观的说明，其可参考性仍然是值得关注与进一步探讨的课题。将创新扩散理论框架作为指导原则应用于具体产品的设计实践中，首次发现此种复杂现象，并在此基础上提出了相应对策与建议。未来如何进一步拓展此项研究，成为后续需要考虑并解决的问题之一。最后，本文揭示了创新扩散理论框架下，产品设计领域内的具体扩散机制演化现状与问题的探索进展。创新系统是以产品设计实践为依托而形成、演化、发展起来的一个完整创新生态系统。该环境下，不同因素（个体、情境）对产品创新扩散路径产生影响并实现交互，通过不同扩散路径间的相互影响与融合来推动新的创新机制形成，扩散过程中各要素之间的相互作用与协作实现产品的创新发展。将创新扩散理论框架与实际产品设计实践相结合，通过对典型案例分析以及实地访谈等方式，探讨了在不同扩散形态下，创新扩散系统内结构变化的特征及驱动因素，并提出了相应的对策建议，为产品创新领域内其他类型扩散机制的形成与发展提供了新方法。

　　产品设计领域内存在着一种"隐性知识"——隐性知识与显性知识相互作用而产生的复杂演化现象。具体而言，在产品设计领域，显性知识是以直观的物理形态存在。它在现实世界中传播，对隐性知识起到了促进作用。创新的扩散主体是产品设计领域内那些"有经验的专家"，而这一群体往往拥有较高的文化素质和认知水平，这也为隐性知识在过程中扩散奠定了坚实基础。在本研究中显著地表现为互联网环境对创新扩散的影响：一方面，在消费领域中，互联网环境对产品认知、体验及使用场景认知等相关信息的扩散，有力地驱动了创新型产品的扩散；另一方面，"隐性知识"会影响到显性知识，从而使产品的设计、生产等实质性创新环节对创新的方向与目标认知发生变化，从而使基础技术、方法的创新通过不同类型的产品开发需求而对产业链的各部门、环节进一步渗透和扩散，由此形成更为复杂的交互作用机制，形成创新扩散系统，影响创新过程。

基于此种现象，未来可尝试将创新理论框架与实际创意设计实践相结合，探索一条以"隐性知识—显性知识"作用为基础的动态复杂演化过程，并就隐性知识的扩散形态对技术、产品的创新开展研究。

具体而言，未来将展开如下问题的探讨：

1. 在产品设计领域，如何将隐性知识融入产品生产过程中？如何将显性知识融入产品生产与流通环境，从而促进隐性知识的扩散？

2. 在新产品开发中，如何利用隐性知识实现设计创新的扩散？

3. 如何将隐性知识引入设计创新中？

4. 在产品开发过程中，如何把隐性知识转化为显性知识并促进其扩散？

5. 如何提高显性知识与隐性知识的匹配度从而更好地发挥显性知识在设计创新中的作用，为企业创造更大的价值？

本研究对隐性知识的相关表达以概念的形式进行概括，但并未进行明确描述及专项关注，因此在未来深化研究中计划设定上述目标。

参考文献

[1] 阿恩海姆. 中心的力量视觉艺术构图研究 [M]. 张维波，周彦，译. 成都：四川美术出版社，1991.

[2] 巴尔特. 符号帝国 [M]. 孙乃修，译. 北京：商务印书馆. 1994.

[3] 巴特. 流行体系：3 版 [M]. 敖军，译. 上海：上海人民出版社，2016.

[4] 白肖肖. 感性时代电视广告审美感知的建构以苹果产品广告为例 [J]. 戏剧之家，2018（05）：125-126.

[5] 布朗，等主编. 设计问题：创新模式与交互思维 [M]. 孙志祥，辛向阳，译. 北京：清华大学出版社，2017.

[6] 蔡铂，聂鸣. 社会网络对产业集群技术创新的影响 [J]. 科学学与科学技术管理，2003（07）：57-60.

[7] 曹鑫，欧阳桃花，黄江明. 智能互联产品重塑企业边界研究：小米案例 [J]. 管理世界，2022（04）：125-142.

[8] 陈进. UI 设计中信息层级的视觉呈现方法与发展趋势研究以 MIUI12 系统为例 [J]. 美术教育研究，2021（01）：58-60.

[9] 陈坤杰. 基于传播学视角的地域文化创意产品设计研究 [D]. 湖南：湖南大学，2018.

[10] 邓建国，张琦. 移动短视频的创新、扩散与挑战 [J]. 新闻与写作，2018（05）：10-15.

[11] 邓嵘. 健康设计思维方法及理论建构 [D]. 南京：南京艺术学院，2017.

[12] 丁士海. 基于创新扩散理论的品牌生命周期研究 [D]. 南京：南京理工大学，2010.

[13] 段嵘，陈佳君. 小米生态链视域下的设计价值形态研究 [J]. 设计艺术研究，2022(04)：17-20.

[14] 段韬. 在"互联网＋"背景下苹果公司的企业战略管理创新 [J]. 营销界，2019（02）：34-35.

[15] 段哲哲，周义程. 创新扩散时间形态的 S 型曲线研究要义、由来、成因与未来研究方向 [J]. 科技进步与对策，2018，35（08）：155-160.

[16] 付庆华，杨颜萌. 小米"竹林式"智能物联网商业生态系统的构建与启示 [J]. 经营与管理，2022（09）：60-65.

[17] 傅荣，王佩珊. 基于改进创新扩散模型的移动互联网产品迭代扩散研究 [J]. 科技管理研究，2018（23）：94-100.

[18] 高浩中. 基于创新扩散理论的设计类微信公众号研究 [D]. 深圳：深圳大学，2017.

[19] 顾华玉. 苹果公司的产品营销策略研究 [J]. 时代金融，2018（11）：147+151.

[20] 官建成，张西武. 创新扩散的概念及其研究方法 [J]. 化工技术经济，1996，（01）：23-27.

[21] 官建成，张西武. 创新扩散模型的研究进展与展望（上）[J]. 科学学与科学技术管理，1995（12），14-18.

[22] 胡振华，刘宇敏. 非正式交流创新扩散的重要渠道 [J]. 科技进步与对策，2002（08）：72-73.

[23] 简兆权，苏苗苗，邓文浩. 基于创新扩散与创新抵制理论的共享经济信任机制 [J]. 管理现代化，2020（01）：12-15.

[24] 金兼斌，祝建华. 影响创新扩散速度的社会和技术因素之研究 [J]. 南京邮电大学学报（社会科学版），2007，（03）：5-11+24. DOI:10.14132/j.cnki.nysk.2007.03.007.

[25] 金兼斌. 创新扩散理论与模型的补充与拓展 [J]. 科学学与科学技术管理，29（6），15-21.

[26] 冷先平. 艺术设计学科交叉融合的创新扩散研究 [J]. 设计艺术研究，2013（01）：6-10.

[27] 李桦楠，杨跃双，胡锦宽，等. 波音与空客在民机航空业的专利技术发展及布局 [J]. 科技和产业，2022（04），71-77.

[28] 李立新. 设计价值论 [M]. 北京：中国建筑工业出版社，2011.

[29] 李沃源，张庆普. 复合价值视角下创意产业集群中创意扩散主体决策研究 [J]. 研究与发展管理，2015，27（03）：57-72.

[30] 李砚祖，主编；芦影，编著. 视觉传达设计的历史与美学 [M]. 北京：中国人民大学出版社，2000.

[31] 李砚祖. 造物之美：产品设计的艺术与文化 [M]. 北京：中国人民大学出版社，2000.

[32] 李云飞，宋歌. 指数创新的扩散与再创新研究 [J]. 情报杂志，2019（09）：158-165.

[33] 梁国强，侯海燕，高桐，等. 基于创新扩散理论的学术论文影响力广度研究 [J]. 图书情报工作，2019（02）：91-98.

[34] 刘航，周建青. 基于知识图谱的国内外创新扩散研究可视化分析 [J]. 科研管理，2020（08）：72-84.

[35] 刘洁. 苹果细节进化论创新扩散理论与产品创新决策 [J]. 艺术与设计（理论），2009（11）：236-238.

[36] 刘茂红. 中国互联网产业组织实证研究 [D]. 武汉：武汉大学，2011.

[37] 刘敏，王刚. 互联网与业务流程融合的创新扩散及关键因素研究 [J]. 科技进步与对策，2020（12）：19-27.

[38] 陆成云. 我国运输服务新业态的思考 [J]. 综合运输，2012（11）：8-10.

[39] 罗杰斯. 创新的扩散 [M]. 辛欣，译. 北京：中央编译出版社，2002.

[40] 吕一博，聂婧斐，刘泉山，等. 产业技术群体分化对创新扩散的影响研究 [J]. 科研管理，2020（05）：78-88.

[41] 马哈贾，彼得森. 创新扩散模型 [M]. 陈伟，译. 格致出版社，上海人民出版社，2016.

[42] 马赈辕，许甲子. 设计差异化对品牌核心价值的体现以苹果与戴森产品为例 [J]. 设计，2021（01）：99-101.

[43] 孟刚，陈纡，王原. 创新扩散视野下颈椎枕的产品设计策略研究 [J]. 包装工程，2022（10）：257-264.

[44] 孟刚，陈纡. 基于创新扩散的智能助眠枕分型优化设计研究 [J]. 装饰，2021（12）：80-83.

[45] 孟刚，何建东，李海山，等. 一种智能枕：201920739133.9[P]. 2020-05-12.

[46] 钱捷. 溯因推理：笛卡尔、康德和皮尔士 [J]. 哲学研究，2003（10）：54-62.

[47] 钱磊. 南京云媒体电视的创新扩散策略研究 [D]. 南京：南京大学，2014.

[48] 任斌，邵鲁宁，尤建新. 基于创新扩散理论的中国电动汽车广义巴斯模型 [J]. 软科学，2013（04）：17-22.

[49] 荣朝和，王学成. 厘清网约车性质推进出租车监管改革 [J]. 综合运输，2016（01）：4-10.

[50] 荣朝和. 交通－物流时间价值及其在经济时空分析中的作用 [J]. 经济研究，2011（08）：133-146.

[51] 时迪. 协同设计中的沟通方法研究 [D]. 南京：南京艺术学院，2017.

[52] 孙冰，田胜男. 制造企业创新扩散动力机制及其演化的系统思考 [J]. 华东经济管理，2020（11）：54-61.

[53] 孙高波，潘荣. 从影视意境与产品设计的互动看文化创意产业化 [J]. 电影文学，2007（21）：33.

[54] 孙光磊，鞠晓峰. 创意扩散理论基本概念解析与概念模型 [J]. 哈尔滨理工大学学报，2011（06）：129-132.

[55] 唐华林，张晨秋，杜柏杨，等. 互联网时代电子产品更新换代对大学生影响的分析以苹果手机为例 [J]. 现代商业，2016（09），169-170.

[56] 唐艺. 设计的"原动力"研究 [D]. 南京：南京艺术学院，2017.

[57] 陶海鹰. 让设计贴近人性读唐纳德·诺曼的《设计心理学》[J]. 美术大观，2014（03）：117.

[58] 王帮俊，吉峰，周敏. 产业集群中技术创新扩散系统要素构成与特征分析 [J]. 中国矿业大学学报（社会科学版），2009（01）：65-69.

[59] 王帮俊. 技术创新扩散的动力机制研究 [M]. 北京：中国经济出版社，2011.

[60] 王富伟. 个案研究的意义和限度基于知识的增长 [J]. 社会学研究，2012（05）：161-183+244-245.

[61] 王丽. 互联网信息类颠覆性创新产品扩散研究 [D]. 哈尔滨：哈尔滨工业大学，2020.

[62] 王琦，刘玮. 按摩椅产品适老化设计探究 [J]. 家具，2022（01）：40-44.

[63] 王舜，石巍. 试论企业技术创新机制的优化 [J]. 科学管理研究，2004（06）：12-14+28.

[64] 王文玥，鲁翔，高伟. 欧洲老年健康体系建设现状多元化模式进程中的先行者们 [J]. 实用老年医学，2021（06）：544-547.

[65] 王潇娴. 基于视觉传达设计领域的互补设计方法研究 [D]. 南京：南京艺术学院，2015.

[66] 王彦杰，高启杰，杨瑞. 数字经济时代电商对区域创新的影响基于中国省际面板数据的实证分析 [J]. 河南科技学院学报，2022（01）：32-39.

[67] 徐艳琴. 出行O2O创新营销策略分析基于滴滴出行的分析 [J]. 现代商业，2015（36）：33-35.

[68] 姚计海. "文献法"是研究方法吗兼谈研究整合法 [J]. 国家教育行政学院学报，2017（07）：89-94.

[69] 尹莉，臧旭恒. 消费需求升级、产消者与市场边界 [J]. 山东大学学报（哲学社会科

学版），2009（05）：18–27.

[70] 尹清非，李宏怿，陆艳飞. 基于我国耐用消费品消费的创新扩散模型比较研究 [J]. 消费经济，2019（03）：52–61.

[71] 张爱萍，林晓言，陈小君. 网约车颠覆性创新的理论与实证：以滴滴出行为例 [J]. 广东财经大学学报，2017（02），31–40.

[72] 张凤海，侯铁珊. 技术创新理论述评 [J]. 东北大学学报（社会科学版），2008（02）：101–105.

[73] 张凯. 产品设计中的认知模式研究 [D]. 南京：南京艺术学院，2019.

[74] 张显奎，吴幽，张伟，等. 基于人体生理信号的产品设计评价方法 [J]. 人类工效学杂志，2008（01）：32–34+9.

[75] 赵铖. 基于问题发现的设计方法研究 [D]. 南京：南京艺术学院，2022.

[76] 赵磊. 高校 MOOC 创新扩散动因及路径研究 [D]. 大连：大连理工大学，2017.

[77] 周波. 基于未来智慧城市愿景的城市家具设计研究 [D]. 浙江：中国美术学院，2019.

[78] 周文辉，陈凌子，邓伟，等. 创业平台、创业者与消费者价值共创过程模型：以小米为例 [J]. 管理评论，2019（04）：283–294.

[79] 周懿. 基于传播学理论的博物馆建筑设计方法研究 [D]. 湖南：湖南大学，2011.

[80] 朱旭峰，张友浪. 地方政府创新经验推广的难点何在公共政策创新扩散理论的研究评述 [J]. 人民论坛（学术前沿），2014（17）：63–77.

[81] 邹玉清. 基于未来视角的产品设计方法研究 [J]. 南京：南京艺术学院，2021.

[82] Aman P，Andersson H，Hobday M. The Scope of Design Knowledge：Integrating the Technically Rational and Human‐Centered Dimensions[J]. Design Issues，2017（02）：58–69.

[83] Amatullo M. Designing Business and Management[J]. Design Issues，2017（01）：93–94.

[84] Bathelt H, Munro A K, Spigel B. Challenges of Transformation: Innovation, Re−bundling and Traditional Manufacturing in Canada's Technology Triangle[J]. Regional Studies, 2011, 47（7）: 1111−1130.

[85] Baudrillard J. La societe de consommation[M]. Deno l. 2002.

[86] Birkbak A, Petersen M K, J Rgensen T B . Designing with Publics that Are Already Busy: A Case from Denmark[J]. Design Issues, 2018（04）: 8−20.

[87] Celikoglu O M, Ogut S T, Krippendorff K . How Do User Stories Inspire Design？ A Study of Cultural Probes[J]. Design Issues, 2017（02）: 84−98.

[88] de Bont C, Liu S X. Breakthrough Innovation through Design Education: Perspectives of Design ‾ Led Innovators[J]. Design Issues, 2017（02）: 18−30.

[89] Dedehayir O, Ortt R, Riverola C, et al. tInnovators and early adopters in the diffusion of innovations: A literature review [EB/OL]. International Journal of Innovation Management, 2017（08）. DOI: 101.1142/51363 919617400102.

[90] Dong Y. Research on the Innovative Design of Museum Cultural and Creative Products in Liaoning[C]. IOP Conference Series: Materials Science and Engineering, 573.

[91] Easterday M W, Gerber E M, Lewis D G R . Social Innovation Networks: A New Approach to Social Design Education and Impact [J]. Design Issues, 2018 （02）: 64−76.

[92] Edit [J]. Design Issues. Cambridge. 2001.

[93] Heppelmann J, Porter M. How the Internet of Things could transform the value chain. McKinsey[R]. Company Interview, 2014.

[94] Hyysalo V, Hyysalo S. The Mundane and Strategic Work in Collaborative Design [J]. Design Issues, 2018（03）: 42−58.

[95] Kijek A., Kijek T. Modelling of Innovation Diffusion[J]. Operations Research and Decisions, 2010（20）: 53−68.

[96] Kotler P, Armstrong G. Principles of management[M]. Open University Ramat ˉ Aviv, Israel, 2000.

[97] Leedy P D, Ormrod J E . Practical research[M]. Pearson Custom Saddle River, NJ, USA, 2005.

[98] Li Z, Fei, H. Analysis of the Design of Cultural and Creative Products from the Perspective of Regional Culture[C]. IOP Conference Series: Materials Science and Engineeringa, 2019.

[99] Liu W M, Leng J J. The Application Research of Mortise and tenon structure in Cultural and Creative Products[C]. IOP Conference Series: Materials Science and Engineering, 2019.

[100] Magalhaes R. Design Discourse for Organization Design: Foundations in Human ˉ Centered Design [J]. Design Issues, 2018（03）: 6−16.

[101] Mahajan V, Muller E, Srivastava R K. Determination of adopter categories in the innovation diffusion process[J]. International Journal of Research in Marketing,1990,7（3）: 195−206.

[102] Makridakis S, Hibon M. ARMA Models and the Box ˉ Jenkins Methodology[J]. Journal of Forecasting, 1997（16）: 147−163.

[103] Matt C, Jeffrey A, Vicken H. A quantitative application of diffusion of innovations for modeling the spread of conservation behaviors[M]. Ecological Modelling, 2018.

[104] Mayo S. Myth in design[J]. International Journal of Technology and Design Education, 1993（03）: 41−52.

[105] McCormick, J, Hossny M, Fielding M, et al. Feels Like Dancing: Motion Capture ˉ Driven Haptic Interface as an Added Sensory Experience for Dance Viewing[J]. Leonardo, 2020（01）: 45−49.

[106] Nimkulrat N, Matthews J. Ways of Being Strands: Cross ˉ Disciplinary Collaboration Using Craft and Mathematics[J]. Design Issues, 2017（04）, 59−72.

[107] Norton J A, Bass F M. A diffusion theory model of adoption and substitution for successive generations of high-technology products[J]. Management Science, 33（9）：1069-1086.

[108] Petroski H. Success Through Failure：The Paradox of Design[M]. Princeton University Press，2008.

[109] Rao R C. Compensating Heterogeneous Salesforces：Some Explicit Solutions[J]. Marketing Science，1990（09），319-341.

[110] Reeves S，Goulden M，Dingwall R. The Future as a Design Problem[J]. Design Issues，2016（03），6-17.

[111] R. Mueser，"Identifying technical innovations"，in *IEEE Transactions on Engineering Management*, vol. EM-32, no. 4, pp. 158-176, Nov. 1985, doi: 10.1109/TEM.1985.6447615.

[112] Rogers E M. Diffusion of Innovations[M]. Free Press，1983.

[113] Schumpeter J A. History of economic analysis[M]. Allen，Unwin (London)，2006.

[114] Solow R M. A Contribution to the Theory of Economic Growth[J]. The Quarterly Journal of Economics，1956（01）：65-94.

[115] Tornatzky L G，Katherine J K. Innovation characteristics and innovation adoption-implementation: A meta-analysis of findings. IEEE Transactions on Engineering Management EM-29, 1982: 28-45.

[116] Wiesenberger R，Resnick E. Basel to Boston：An Itinerary for Modernist Typography in America[J]. Design Issues，2018（03）：28-41.

[117] Xu M，Wang Y J，Zeng X Y. Packaging Design of "Good Cup" Based on Visual Elements of Yao Ethnic Group[C]. IOP Conference Series：Materials Science and Engineering，2019.

[118] Xu M，Zeng X Y，Wang Y J. Design Creates Employment—Exploration on the Poverty Alleviation by Employment in Poverty﹣stricken Areas of Ethnic Minorities[C]. IOP Conference Series：Materials Science and Engineering，2019.

[119] Yu X H，Huang Y-C. Research on the consumption of different user populations[C]. 2021 The 3rd World Symposium on Software Engineering，2021： 114-119.

扩散型设计：创新扩散的产品设计